PHP 网站开发

——CodeIgniter 敏捷开发框架
（实战案例版）

曹鉴华　著

中国水利水电出版社
www.waterpub.com.cn
·北京·

内容提要

《PHP 网站开发——CodeIgniter 敏捷开发框架（实战案例版）》是作者结合项目开发团队多年开发经验和相关知识按知识体系撰写而成。全书共分 5 章，第 1 章介绍 HTML、CSS、JavaScript 等网页设计基础技术；第 2 章介绍数据库技术基础、MySQL 安装与配置、数据库基本操作及图形化数据库管理操作；第 3 章对 PHP 语言的内容、功能、特性及其在网站开发的应用进行了讲解；第 4 章详细介绍 CodeIgniter 框架特点、目录结构、开发部署、基本应用、常用类库、自定义扩展等内容；第 5 章以吉奥科技公司网站系统为例，使用 CodeIgniter 框架进行前后端设计和开发，以实际案例诠释综合使用 CodeIgniter 框架技术的相关步骤和技巧。

本书采取"网站开发前端基础技术→PHP 脚本语言技术→PHP CodeIgniter 框架技术→CodeIgniter 框架综合应用实践"由浅入深的进阶学习模式，辅以各类实例操作练习，并提供了手机扫二维码观看视频的学习方式，方便读者快速掌握 CodeIgniter 框架技术，提高网站开发技能。

《PHP 网站开发——CodeIgniter 敏捷开发框架（实战案例版）》可作为网站开发入门以及 PHP 开发人员的学习参考书，也可以作为高等院校计算机相关专业 Web 开发的教材，也适合参加相关培训的教师及学生选用。

图书在版编目（CIP）数据

PHP 网站开发：CodeIgniter 敏捷开发框架 / 曹鉴华著 . —北京：中国水利水电出版社，2019.8

ISBN 978-7-5170-7880-7

Ⅰ.① P… Ⅱ.①曹… Ⅲ.① PHP 语言－程序设计 Ⅳ.① TP312.8

中国版本图书馆 CIP 数据核字 (2019) 第 165416 号

书　　名	PHP网站开发——CodeIgniter敏捷开发框架 PHP WANGZHAN KAIFA——CodeIgniter MINJIE KAIFA KUANGJIA
作　　者	曹鉴华　著
出版发行	中国水利水电出版社 （北京市海淀区玉渊潭南路1号D座 100038） 网址：www.waterpub.com.cn E-mail：zhiboshangshu@163.com 电话：（010）62572966-2205/2266/2201（营销中心）
经　　售	北京科水图书销售中心（零售） 电话：（010）88383994、63202643、68545874 全国各地新华书店和相关出版物销售网点
排　　版	北京智博尚书文化传媒有限公司
印　　刷	三河市龙大印装有限公司
规　　格	185mm×235mm　16开本　16印张　336千字
版　　次	2019年8月第1版　2019年8月第1次印刷
印　　数	0001—3000册
定　　价	59.00元

前　言

preface

Web 开发是相当具有创造力和想象力的工作，所需的技术体系也非常全面，这也要求开发者具有扎实的 Web 开发技术基础，同时兼具一定的艺术气质。如何快速而高效地完成 Web 开发工作具有很强的挑战性。

PHP 是目前 Web 应用开发的主流语言之一，该语言易学易用，成为许多网站开发人员入门的必备技能。

CodeIgniter 是一个小巧但功能强大的 PHP 框架，工作为一个简单而"优雅"的工具包，它可以为开发者建立功能完善的 Web 应用程序。CodeIgniter 为 PHP 开发人员提供了一套 Web 应用程序工具包。它的目标是能够让用户比从零开始更加快速地完成项目，它提供了一套丰富的类库来满足我们日常的任务需求，并且提供了一个简单的接口和逻辑结构来调用这些库。CodeIgniter 通过最小化需要的代码量，让开发人员把更多的精力放到项目的创造性开发上。正如 CodeIgniter 官网介绍所说的：

CodeIgniter 就是你所需要的，如果 ...

- 你想要一个小巧的框架；
- 你需要出色的性能；
- 你需要广泛兼容标准主机上的各种 PHP 版本和配置；
- 你想要一个几乎零配置的框架；
- 你想要一个不需使用命令行的框架；
- 你想要一个不想被编码规则的条条框框限制住的框架；
- 你对 PEAR 这种庞然大物不感兴趣；
- 你不想被迫学习一种新的模板语言（当然如果你喜欢，你可以选择一个模板解析器）；
- 你不喜欢复杂，追求简单；
- 你需要清晰、完整的文档。

本书特色

1. 知识体系完整，讲解由浅入深，符合初学者的学习特点

本书结合项目团队的开发经验和相关知识体系撰写而成，采取"网站开发前端基础技术 → PHP 脚本语言技术→ PHP CodeIgniter 框架技术→ CodeIgniter 框架综合应用实践"由浅入深的进阶学习模式，辅以各类实例操作练习，并提供了扫描二维码观看视频的学习方式，使读者快速掌握 CodeIgniter 框架技术，提高网站开发技能。

2. 内容结构逻辑清晰，辅以视频讲解说明，结合实例学习更轻松

本书内容包括：HTML、CSS、JavaScript 等网页设计基础技术；数据库技术基础、MySQL 安装与配置、数据库基本操作及图形化数据库操作；PHP 程序设计语言功能、特性及其在网站开发的应用；CodeIgniter 框架基本应用、部署，基本类库参考；最后以吉奥科技网站管理系统为例，使用 CodeIgniter 框架进行部署和设计，以实际案例诠释综合使用 CodeIgniter 框架技术的相关步骤和技巧。

本书可以作为开发工具和宝典，读者通过阅读和仿照实现，体验 CodeIgniter 框架精妙之处，真正实现敏捷开发。

本书配置了部分视频，对一些案例和难点部分进行了讲解，在书中相关章节示例练习处提供了二维码链接，读者可以用手机扫一扫，直接打开视频教程内容学习。右侧为全书视频总码。

本书内容及结构体系

第 1 章：介绍 HTML、CSS、JavaScript 等网页设计基础技术

网页主要用于呈现网站的内容和细节，用户可通过浏览网页来知晓网站的功能和服务。可以说网页设计是整个网站系统的面子工程，网页成了市场营销和服务提供的重要窗口。本章内容包括网页基础知识、HTML 语言、CSS+DIV、JavaScript 基础、网站开发工具，同时提供了实战样例供读者参考和练习，以便快速掌握网页设计技术。

第 2 章：介绍数据库技术基础、MySQL 安装与配置、数据库基本操作及图形化数据库管理操作

数据是一个网站系统的核心，有了数据，整个网站才能"活"起来。因此在了解了网页设计基本技术之后，本章将对数据库相关知识及 MySQL 数据库的操作应用进行介绍。

第 3 章：讲解 PHP 语言的内容、功能、特性及其在网站开发的应用

网页设计以界面显示为主，通常可称为显示端任务（View），显示端包括前端页面和后台管理端页面，美观而清晰的页面会使用户心情愉悦。数据库存储了网站所需要或产生的数据，如

何将数据按需求显示在前端页面或后端页面，同时将页面用户填写数据存储到数据库中，实现动态交互，也就是建立网站需求的数据模型（Model）以及操作控制（Control），就需要服务器语言发挥作用了。

在前两章介绍页面设计和数据库技术基础之后，本章将重点讲解 PHP 服务器语言，包括语言基础、程序设计、与网页交互、数据库操作等内容，各节都列举了相应的实例，读者可以参考实例学习掌握 PHP 程序开发知识。

第 4 章：详细介绍 CodeIgniter 框架特点、目录结构、开发部署、基本应用、常用类库、自定义扩展等内容

基于 PHP 编写的 CodeIgniter 框架简洁而优美，小巧而强大，实用而且可扩展性强。其典型的 MVC 架构设计可培养使用者良好的系统设计思维和团结协作精神。本章从 CodeIgniter 框架目录结构、安装部署、基础类库、自定义扩展、实践应用等方面内容介绍 CodeIgniter 框架敏捷开发特点和使用过程，同时设计了实战案例供读者学习。

第 5 章：以吉奥科技公司网站系统为例，使用 CodeIgniter 框架进行前后端设计和开发，以实际案例诠释综合使用 CodeIgniter 框架技术的相关步骤和技巧

本章将综合应用前面所介绍过的 HTML、jQuery、MySQL 和 CI 框架技术开发一个公司门户网站，按照网站综合开发流程组织项目内容，包括功能设计、页面设计、数据库设计以及模块代码开发。本例内容较为丰富，实践性强，读者可以边阅读边练习，以便巩固前面所学知识，同时掌握网站系统开发技巧，提升自己的综合应用能力。

本书读者对象

- 网站开发领域爱好者
- PHP 开发工作者
- 计算机相关专业的学生
- 组织相关培训的教师及学生

本书示例程序的下载与安装

以实际范例程序来学习程序设计是最有效率的学习方式。本书在各个章节中提供了大量示例程序，读者可以边学习边练习，从实践中掌握基础知识、提高开发技术。

本书所有示例程序都可以从码云（链接地址：https://gitee.com/caoln2003/codeigniterbook）下载。如果下载有问题，请电子邮件联系 caojh@tust.edu.cn，邮件主题为 CodeIgniter 开发示例程序）。

关于作者及致谢

本书由曹鉴华编写。作者目前任职于天津科技大学人工智能学院，使用 CodeIgniter 框架部署过多个在线运行网站，积累了丰富的实战经验，未来还将推出基于 CodeIgniter 开源框架的实战案例系列书籍，敬请期待。本书的出版得到天津市教委项目"基于深度超限学习的地质目标建模与识别"资助，项目号为 2018KJ106。

感谢出版社编校人员的辛勤努力，感谢我的妻子李娜和孩子们无限的支持与鼓励！

由于作者水平所限，书中不妥之处在所难免，恳请广大读者批评指正。

作者

2019 年 5 月 20 日

本书微课视频列表

序号	资源名	位置	序号	资源名	位置
1	HTML 编写实例	第 1 章 1.2.3	27	URL 与控制器之 post 方法取值	第 4 章 4.2.2
2	网页布局示例	第 1 章 1.3.4	28	URL 与控制器之 url 传递参数示例 1	第 4 章 4.2.2
3	JavaScript 入门示例 1	第 1 章 1.4.2	29	URL 与控制器之 url 传递参数示例 2	第 4 章 4.2.2
4	JavaScript 入门示例 2	第 1 章 1.4.2	30	URL 与控制器之视图页面之间的路由	第 4 章 4.2.2
5	JavaScript 事件	第 1 章 1.4.3	31	视图文件调用	第 4 章 4.2.3
6	JavaScript 操作 DOM 示例 1	第 1 章 1.4.4	32	模型与数据库之数据库查询并显示数据	第 4 章 4.2.4
7	JavaScript 操作 DOM 示例 2	第 1 章 1.4.4	33	缓存与日志之页面缓存	第 4 章 4.2.5
8	JavaScript 框架示例	第 1 章 1.4.5	34	缓存与日志之运行日志	第 4 章 4.2.6
9	mysql 安装与配置	第 2 章 2.2.2	35	常用类库分页类	第 4 章 4.3.1
10	mysql 基本操作	第 2 章 2.2.3	36	常用类库 Session 类	第 4 章 4.3.2
11	phpMyadmin 数据库管理	第 2 章 2.3.2	37	常用类库表单验证类	第 4 章 4.3.3
12	phpMyadmin 图形化数据库操作实践	第 2 章 2.3	38	自定义控制器	第 4 章 4.4.1
13	表单数据交互	第 3 章 3.4.1	39	CI 框架综合实践	第 4 章 4.5
14	PHP 会话处理	第 3 章 3.4.2	40	项目创建	第 5 章 5.3
15	数据传输通信	第 3 章 3.4.3	41	前端 MVC 架构	第 5 章 5.4.1
16	PHP 数据库操作之连接 mysql 服务器	第 3 章 3.5.2	42	公用资料存放	第 5 章 5.4.2
17	PHP 数据库操作之创建数据库和数据表	第 3 章 3.5.3	43	首页模块设计	第 5 章 5.4.3
18	PHP 数据库操作之数据库的基本操作	第 3 章 3.5.2	44	公司简介模块设计	第 5 章 5.4.4
19	PHP 开发综合实践之第 1 步页面设计	第 3 章 3.6	45	公司新闻模块设计	第 5 章 5.4.5
20	PHP 开发综合实践之第 2 步数据库设计	第 3 章 3.6	46	公司招聘模块设计	第 5 章 5.4.6
21	PHP 开发综合实践之第 3 步用户注册处理	第 3 章 3.6	47	后台 MVC 架构设计	第 5 章 5.5.1
22	PHP 开发综合实践之第 4 步用户登录处理	第 3 章 3.6	48	管理员登录模块设计	第 5 章 5.5.2
23	PHP 开发综合实践之第 5 步注册登录测试	第 3 章 3.6	49	后台首页模块设计	第 5 章 5.5.3
24	CodeIgniter 安装与部署	第 4 章 4.1.4	50	新闻管理模块设计	第 5 章 5.5.4
25	框架目录结构示例 1	第 4 章 4.2.1	51	招聘管理模块设计	第 5 章 5.5.5
26	URL 与控制器之 get 方式取值	第 4 章 4.2.2	52	系统管理模块设计	第 5 章 5.5.6

目　录

contents

第1章　网页设计技术 1

1.1　网页基础知识 3
 1.1.1　静态网页与动态网页 3
 1.1.2　网页的基本要素 3
 1.1.3　网站设计流程 4
1.2　HTML 语言 5
 1.2.1　HTML 标记 5
 1.2.2　HTML 文档结构 6
 1.2.3　HTML 编写实例 7
 【例 1】HTML 编写：第一个网页 7
 【例 2】HTML 编写：在例 1 基础上加入表格
  及标记元素 7
 【例 3】HTML 编写：加入表单元素形成动态
  交互操作 8
 【例 4】HTML 编写：使用列表标记，形成有
  序列表 9
1.3　CSS+DIV 10
 1.3.1　CSS 样式 10
 1.3.2　CSS+DIV 14
 【例 5】定义一个 DIV，设置其 CSS 属性 15
 1.3.3　灵活布局网页 15
 1.3.4　网页布局实例 17
 【例 6】完成图示的网页布局 18
1.4　JavaScript 基础 20
 1.4.1　JavaScript 简介 20
 1.4.2　JavaScript 入门 20
 【例 7】在网页中插入 JavaScript 程序实现弹

  窗提示 20
 【例 8】计算两个变量成绩并输出计算结果 .22
1.4.3　JavaScript 事件 23
 【例 9】单击按钮时调用 JavaScript 函数显示
  当前日期 23
1.4.4　JavaScript 操作 DOM 24
 【例 10】定位 id 为 list 中的列表元素 ...26
 【例 11】修改段落文字内容为 "New text！" ...27
 【例 12】修改图像显示的宽度和高度属性 ...27
 【例 13】更改段落的 HTML 样式 27
 【例 14】实现 "当单击按钮时段落文字内容发
  生改变" 28
1.4.5　JavaScript 框架 28
 【例 15】实现 "单击按钮时隐藏 HTML 元素，
  再单击时显示该元素" 31

1.5　网站开发工具 35
 1.5.1　网页编辑器 35
 1.5.2　IDE 开发平台 36
 1.5.3　网页调试工具 36
 1.5.4　网站代码托管仓库 37

第2章　数据库技术 39

2.1　数据库基础 41
 2.1.1　数据库 41
 2.1.2　数据模型 41
 2.1.3　关系数据库 42
 2.1.4　SQL 语言 44

2.2 MySQL 数据库 47

　2.2.1 MySQL 简介 47

　2.2.2 MySQL 安装与配置 48

　2.2.3 MySQL 基本操作 52

　【例 1】创建数据库 mydb，并查看已有数据库 ...53

　【例 2】在 mydb 数据库中创建 user 用户表 ...53

　【例 3】在 user 用户表中增加两条记录，字段对应属性值 54

　【例 4】在 user 用户表中修改姓名为 topher 的记录 54

　【例 5】在 user 用户表中删除姓名为 topher 的记录 54

　【例 6】对 user 用户表的数据进行查询 ...55

　【例 7】对 user 用户表的数据进行查询，并按 salary 排序 55

　【例 8】对 user 用户表的数据进行查询，查询薪水最高的人 56

　【例 9】统计 user 用户表中 salary 大于 7000 的人数 56

　【例 10】统计 user 用户表中所有人的平均 salary 56

2.3 图形化数据库管理 57

　2.3.1 Navicat 数据库管理 57

　2.3.2 phpMyAdmin 数据库管理 58

　2.3.3 phpMyadmin 图形化管理实践 ...60

第 3 章 PHP 程序开发 63

3.1 PHP 概述 65

　3.1.1 PHP 简介 65

　3.1.2 PHP 的功能 65

　3.1.3 安装 PHP 运行环境 66

　【例 1】在 WWW 目录下新建 myweb 文件夹并在其下新建 html 文档 69

3.2 PHP 语法基础 72

　3.2.1 PHP 基本语法 72

　【例 2】熟悉 PHP 基本语法，输出 "Helloworld！" 72

　【例 3】测试 PHP 大小写敏感度程序代码 73

　3.2.2 变量与数据类型 74

　【例 4】数组定义和输出 75

　【例 5】使用 PHP 对象 76

　3.2.3 运算符与字符串 76

　【例 6】PHP 运算 77

　3.2.4 数组 78

　【例 7】PHP 数组 78

3.3 PHP 程序设计 79

　3.3.1 基本流程控制语句 79

　【例 8】PHP 条件判断语句 79

　【例 9】PHP 条件 Switch 语句 80

　【例 10】PHP while 语句 82

　【例 11】PHP for 循环语句 83

　【例 12】PHP foreach 循环语句 84

　3.3.2 PHP 函数 85

　【例 13】PHP 自建函数调用 85

　3.3.3 字符串与数组操作 86

　【例 14】PHP 字符串内置函数 86

　【例 15】PHP 数组操作函数 87

　3.3.4 面向对象的程序设计 88

　【例 16】PHP 类 编程实例 91

　【例 17】PHP 类 继承编程实例 92

　3.3.5 错误和异常处理 93

　【例 18】PHP 异常处理编程实例 94

3.4 PHP 与网页交互 95

　3.4.1 表单数据交互 95

　【例 19】分析表单使用及 PHP 处理表单数据的过程 95

　3.4.2 PHP 会话处理 98

　【例 20】创建 cookie，赋值 PeterCao，规定一小时后过期 98

　【例 21】PHP cookie 会话编程 1 99

　【例 22】PHP cookie 会话编程 2 100

　3.4.3 数据传输通信 101

【例23】PHP 数据 GET 方式获取内容 102

【例24】PHP 数据 a 超链接方式传输数据 .103

【例25】PHP json_encode 函数实例 1 105

【例26】PHP json_encode 函数实例 2 105

【例27】PHP Ajax 数据传输通信实例之
服务器端 106

【例28】PHP Ajax 数据传输通信实例之
客户端 106

3.5　PHP 数据库操作 107

3.5.1　概述 108

3.5.2　连接 MySQL 服务器 108

【例29】PHP 连接 MySQL 服务器 108

3.5.3　创建数据库和数据表 109

【例30】PHP 创建 MySQL 数据库 109

【例31】PHP 创建 MySQL 数据库表 110

3.5.4　数据库的基本操作 111

【例32】PHP 往数据库表里插入记录 111

【例33】网页提交数据 112

【例34】网页使用 PHP 语言查询数据表的
记录 114

【例35】网页使用 PHP 语言按条件查询数据
表的记录 115

【例36】设计修改和删除记录的页面 117

【例37】PHP 修改选定的记录页面 118

【例38】PHP 删除选定的记录 120

3.6　PHP 开发综合实践 120

第4章　CodeIgniter 敏捷开发框架 129

4.1　CodeIgniter 概述 131

4.1.1　CodeIgniter 框架简介 131

4.1.2　MVC 设计思想 132

4.1.3　CodeIgniter 框架应用流程 135

4.1.4　CodeIgniter 安装与部署 135

4.2　CodeIgniter 基础 138

4.2.1　应用目录结构 138

【例1】设计一个 hello 网站（本章所有案例的
框架）..141

4.2.2　URL 与控制器 143

【例2】控制器方法传递函数 143

【例3】视图页面文件之间的路由 146

【例4】GET 方式取值 149

【例5】POST 方式表单使用及取值 149

4.2.3　视图文件 151

【例6】多个视图文件同时调用 152

4.2.4　数据库与模型 156

【例7】在 hello 网站查询数据库并显示结果
....158

【例8】设置页面缓存 160

4.2.5　缓存与日志 161

【例9】网页运行日志 163

4.3　CodeIgniter 类库 164

4.3.1　CodeIgniter 常用类库 164

【例10】用户分页显示 166

【例11】session 的基本用法 171

4.3.2　CodeIgniter 辅助类库 175

4.4　CodeIgniter 扩展 177

4.4.1　自定义控制器 178

【例12】自定义控制器使用 179

4.4.2　自定义模型 180

4.4.3　自定义类库 182

4.5　CodeIgniter 综合实践 184

第5章　HTML+jQuery+CI 框架综合实例 195

5.1　开发背景 197

5.2　系统功能设计 197

5.2.1　系统结构设计 197

5.2.2　系统功能结构 198

5.2.3　系统业务流程 198

5.3　创建项目 199

5.3.1　开发环境安装部署 199

5.3.2　基础数据库设计 199

5.3.3　项目 MVC 架构设计 200

5.3.4　项目文件组织 201

5.4　前端模块设计 202

5.4.1　前端 MVC 架构 202

5.4.2　公用资料存放 204

5.4.3　首页模块设计 205

5.4.4　公司简介模块设计 209

5.4.5　公司新闻模块设计 211

5.4.6　公司招聘模块设计 214

5.5　后台管理模块 216

5.5.1　后台 MVC 架构设计 216

5.5.2　管理员登录模块设计 218

5.5.3　后台首页模块设计 221

5.5.4　新闻管理模块设计 226

5.5.5　招聘管理模块设计 234

5.5.6　系统管理模块设计 241

5.6　网站系统开发总结 244

5.6.1　网站系统开发 244

5.6.2　CodeIgniter 框架技术 245

第1章　网页设计技术

　　网页主要用于呈现网站的内容和细节，用户可通过浏览网页来知晓网站的功能和服务。可以说网页设计是整个网站系统的面子工程，网页成了市场营销和服务提供的重要窗口。本章内容包括网页基础知识、HTML 语言、CSS+DIV、JavaScript 基础、网站开发工具，同时提供了实战样例供读者参考和练习，以便快速掌握网页设计技术。

1.1　网页基础知识

1.1.1　静态网页与动态网页

在网站设计中，纯粹 HTML 格式的网页通常称为静态网页，它的文件扩展名是 .htm、.html，网页中可以包含文本、图像、音频、视频、客户端脚本和 ActiveX 控件等。

采用动态网站技术生成的网页称为动态网页，在制作时使用的语言除了 HTML 超文本标记语言外，还需要使用 ASP、PHP、JSP 等网络编程语言，以及数据库编程技术，其文件扩展名包括 .asp、.jsp、.php、.cgi 等。

1.1.2　网页的基本要素

构成网页的基本要素包括 Logo、Banner、导航栏、文本、图像、多媒体等。

1. Logo

Logo（商标）是代表企业形象或网站内容的标志性图片，一般位于网页的左上角。关于网站的 Logo，目前有四种设计规格（单位 px）：88×31、120×60、120×90、200×70。好的 Logo 应能体现该网站的特色、内容及其内在的文化内涵和理念，对后续网站的推广和宣传具有一定的效果。

2. Banner

Banner 是用于宣传网站内某个栏目或活动的广告，一般位于网页的顶部，有一些小型的广告还可适当地放在网页的两侧。由于 Banner 具有广告宣传营销性质，通常会采用动画形式播放，从而吸引更多的注意力。网站 Banner 常见的规格是 480 px×60 px 或 233 px×30 px。Banner 既可以使用静态图形，也可以采用动画图像。

3. 导航栏

导航栏就是一组超链接，用来方便地浏览站点。导航栏形式多样，可能是文字链接、图片链接或按钮，或者是下拉菜单导航，是网页的重要组成元素。导航栏位置一般较为固定，如页面左侧、右侧、顶部或底部。

4. 文本

文本是网页最基本的元素，所有信息都可以用文本来描述并传达。在网页设计中，文本属性可以根据需要进行修改，如文字大小、颜色、底纹和边框等。

5. 图像

图像在网页中具有提供信息、展示形象、装饰网页、表达情趣和风格的作用。图像具有比文本更直观的表达讯息的作用，在网页中适当增加一些图像，可以使得网页简洁、明了，更能吸引用户。在网页设计中可以使用 GIF、JPEG 和 PNG 等多种图像格式，其中使用最广泛的是 GIF 和 JPEG 两种格式。

6. 多媒体

网站中的多媒体包括 Flash 动画、音频、视频等内容。在网页中增加一些多媒体元素，可使网页内容丰富多彩，增加用户的点击率，提高网站的知名度。

1.1.3 网站设计流程

1. 网站策划

网站策划是网站设计的前奏，主要包括确定网站的主题功能和用户群，还有形象策划、制作规划和后期宣传推广等方面的内容。网站策划在网站建设的过程中尤为重要，它是制作网站迈出的第一步。由于网站主要面对的是用户群，所以在网站策划时，需要考虑如何设计才能让众多的浏览者驻足网站，并保持长期关注。

2. 规划站点基本结构

网站规划的内容很多，如网站的栏目、栏目的设置、网站的风格、网站导航、颜色搭配、版面布局和文字图片的运用等。

3. 设计网站页面

在网页版式布局完成的基础上，将确定需要的功能模块、图片、文字、视频等放置到页面上。也可以手工设计网站页面的底稿，将各个网页内容及布局草图先画出来。需要注意的是，在设计网站页面时必须遵循重点突出、协调均衡的原则，将网站标志、重要模块等放置在网页最显眼的位置，然后再考虑次要模块的摆放。

4. 制作网页

整体的设计草图制作好后，就可以开始利用相关的可视化网页设计软件制作网页，也可以根据 HTML 语言规则编写相应的代码。首先完成静态 HTML 页面的制作，如果还需要动态功能，就需要开发动态功能模块。网站常用的动态功能模块有新闻发布系统、搜索功能、产品展示管理系统、在线调查系统、在线购物、用户注册管理系统、留言系统，以及论坛聊天室等。

5. 测试上传网站

网页制作完成以后，需要在本地进行内部测试，并进行模拟浏览。测试的内容包括版式、图片等显示是否正确，是否有空链接等。发现错误或者功能欠缺后，需要进行修改。发布上传是网站制作的最后步骤。所有测试都完成无误后，就可以发布网站了。

6. 申请域名和服务器空间

网页完成内部测试后，需要发布到 Web 服务器上，才能够让众多的浏览者观看。那么就需要申请域名和空间，然后上传到服务器上。可以利用搜索引擎查找相关的域名空间提供商。

1.2　HTML 语言

HTML（Hyper Text Markup Language，超文本标记语言）是用来描述网页的一种语言，它通过标记符号来标记要显示的网页中的各个部分。其中，"超文本"就是指页面内可以包含图片、链接、音频、视频、程序等非文本元素。

HTML 是 Web 编程的基础，HTML 文档也称为网页。目前，最新版本为 HTML5。

HTML 文档内容示例如下：

```
<html>
<head>
    <title> My First Webpage </title>
</head>
<body>
    <h1> My First Heading </h1>
    <p> My First Paragraph </p>
</body>
</html>
```

其中，使用尖括号 <...> 包围的关键词如 <html > 为典型的 HTML 标记，标记通常成对出现，第一个是开始标记，第二个是结束标记，结束标记在标记名前加上"/"符号。如示例中的 <html> 与 </html>、<title> 与 </title>、<body> 与 </body>、<h1> 与 </h1>、<p> 与 </p>。常见的 HTML 标记见表 1.1。

HTML 文件可以用文本编译器如 Notepad、Notepad++、Sublime Text、VisualStudio Code 等创建，也可以用专门的网页设计工具创建，如 Adobe Dreamweaver 等。

1.2.1　HTML 标记

HTML 文件由很多标记作为元素组成。标记的格式如下：

< 标记 > 指定内容 </ 标记 >

表 1.1　常用的 HTML 标记

标记	意义	举例
`<html>…</html>`	定义 HTML 文档	
`<head>…</head>`	定义 HTML 头部	
`<body>…</body>`	HTML 主体标记	
`<p>…</p>`	分段	
` `	换行	
`<hr>`	画水平线	
`<hn>…</hn>`	*n* 级标题显示	`<h2>` 第一个网页 `</h2>`
`<title>…</title>`	定义标题	`<title>` 我的网页 `</title>`
`<img src="…">`	图片，src 指向图片位置路径	`<img src="ABC.JPEG">`
`<a href="…">`	超级链接，href 指向链接地址	`<a href="http://www.cnnic.net.cn">`
`<table>…</table>`	用于定义表格	table 与 tr、td 标记同时使用才能构成表格
`<tr>…</tr>`	定义表格行	
`<td>…</td>`	定义单元格	
`<form…>…</form>`	定义表单	`<form method="post" action="login.asp">`
`<input …>…</input>`	定义表单输入框	`<input type="text" name="myname" size="20">`
`<textarea>…</textarea>`	定义多行文本输入框	
`<ul>…</ul>`	创建一个无序列表	ul、li 标记同时使用形成列表
`<ol>…</ol>`	创建一个有序列表	ol、li 标记同时使用形成列表
`<li>…</li>`	创建列表中的某一项	
`<div>…</div>`	定义一个区块，为块级元素	通常还需添加 css 样式或者定义其类名
`<span>…</span>`	定义组合文档中的行内元素	

1.2.2　HTML 文档结构

标准的超文本标记语言文件都具有一个基本的整体结构，包括开头与结尾标记、头部内容与主体内容，整个文档采用三个双标记符标明页面的结构。

开头与结尾标记：`<html>`、`</html>`。

头部内容标记：`<head>`、`</head>`。这两个标记符分别表示头部内容的开始和结尾。头部中包含页面的标题、序言、说明等内容。头部中最常用的标记符为标题标记符 `<title>` 标题内容 `</title>` 和 meta 标记符，其中标题标记符用于定义网页的标题，它的内容显示在网页窗口的标题栏中。meta 标记符用来描述网页文档的属性，如作者、日期、网页描述、关键词、页面刷新等，它的内容不会显示在网页中，但对现今的搜索引擎营销来说是非常关键的一个因素。

主体内容标记：`<body>`、`</body>`。网页中显示的内容均包含在这两个正文标记符之间。主体内容包括文本、超链接、表格、表单、图像、音频、视频等多种元素，还包括一些行为事件的触发设定。可以利用表 1.1 中的符号标记对这些元素的属性进行标记，如分布位置、颜色大小、背景样式等，同时对这些元素的排列布局、页面框架等也可以进行标记。在行为事件设定方面，如鼠标单击、双击等行为，还需要嵌入脚本语言，其标记符号为 <script> 脚本语言 </script>。

用文本编辑器如记事本（Notepad.exe）编写 HTML 代码，将文件保存为 html 文件，用浏览器（如 IE）打开 HTML 文档，即可看到显示结果。

1.2.3　HTML 编写实例

扫一扫，看微课

【例 1】使用文本编辑器将以下代码保存为 1_1.html，然后利用网页浏览器 (如 IE 浏览器) 打开该文件，显示结果如图 1.1 所示。

```
<html>
<head>
    <title> 我的第一个网页 </title>
</head>
<body>
    <h2> 第一个网页 </h2>
    <hr>
    <p style="font-size:16px;color:red"> 第一个例子 </p>
    <p> 第一句话 </p>
    <p> 第二句话 </p>
</body>
</html>
```

第一个网页

第一个例子

第一句话

第二句话

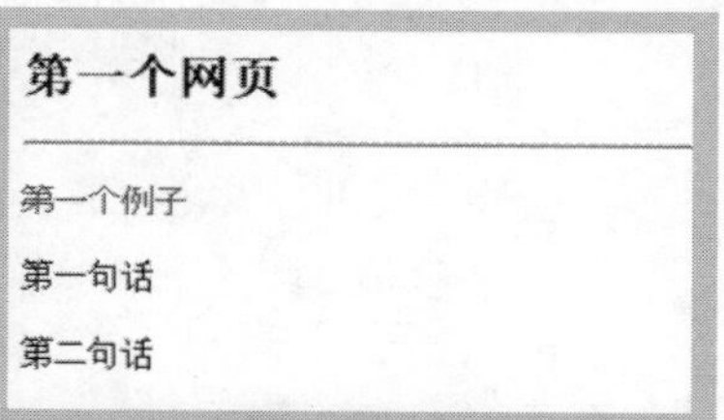

图 1.1　例 1 显示结果

✍ 说明：

（1）<html>…</html> 为整个 HTML 文档的起始标记和结束标记。

（2）<head>…</head> 中间包含的是文档头信息，如标题、资源类型等。

（3）<title>…</title> 中间的文字，显示在浏览器标题栏中。

（4）<body>…</body> 中间包含文档的主体内容，如文字、表格、图片、超链接等。

（5）<h2>…</h2> 中间文字，以 2 号标题格式显示。

（6）<hr> 画一条水平直线。

（7）<p>…</p> 为段落标记，中间内容为一段。

（8）style="font-size:16px;color: red": style 为样式，用于设置 <p></p> 段落内的文字

其样式：font-size: 字体大小，16px，这里 px 为像素；color: 字体颜色，红色。

【例 2】在上述代码的基础上稍加修改，加入表格，同时使用图片、超链接等常用的 HTML 标记元素，保存代码文件为 1_2.html，利用网页浏览器（如 IE 浏览器）打开，显示结果如图 1.2 所示。

```
<html>
<head>
    <title> 我的第二个网页 </title>
```

```
</head>
<body>
    <h2> 第二个网页 </h2>
    <hr>
    <table border="1" width="400px">
    <tr>
        <td> 文字 </td>
        <td><a href="eg_5_1.html"> 超级链接 </a></td>
    </tr>
    <tr>
        <td> 图片 </td>
        <td><img border="0" src="cache.gif" width="80px" height="120px"></td>
    </tr>
    </table>
</body>
</html>
```

第二个网页

文字	超链接
图片	

图 1.2　例 2 显示结果

✍ 说明：

（1）<table>…</table>，表格的开始和结尾标记；<tr>…</tr> 表格的一行标记；<td>…</td> 一行中的一个单元格标记。通常在加入表格元素时，这三种标记都要使用。表格里面的内容则放在 <td></td> 标记内，如文字、图片等。

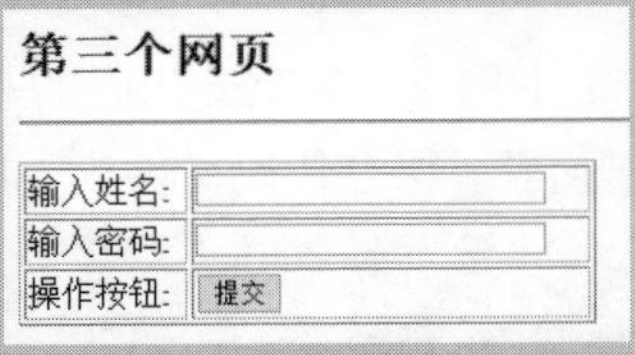

（2）<table border="1"width="400px">，在表格开始标记中加入了样式设定，其中 border="1" 用于设定表格边框宽度为 1px，width="400px" 设定这个表格宽度为 400px。

（3）<a href="eg_5_1.html"> 超链接 </a>，设定单元格内的文字为超链接样式，其 href 属性用于指定链接地址，如本例中 href 属性值为 eg_5_1.html，即单击超链接文字时，将链接到 eg_5_1.html 网页文件。

（4）<img border="0" src="cache.gif" width="84px" height="120px">，在该单元格内显示图片文件 cache.gif，同时设定其宽 84px，高 84px，图片边框宽度为 0，其中的 src 属性值为该 img 标记指向的图片文件。

【例 3】加入表单元素，用于形成注册登录、意见调查等动态交互操作网页。表单用于提供交互操作界面，用户通过网页界面输入数据，传送到服务器；服务器端接收数据，通过数据库操作将数据保存。表单包括文本框、单选按钮、复选框、下拉列表、按钮等对象。表单使用 <form> 标记来定义。如下代码将表单元素放在表格单元格内，保存代码文件为 1_3.html，利用网页浏览器（如 IE 浏览器）打开，显示结果如图 1.3 所示。

```
<html>
<head>
    <title> 我的第三个网页 </title>
</head>
<body>
    <h2> 第三个网页 </h2>
    <hr>
```

第三个网页

输入姓名：	
输入密码：	
操作按钮：	提交

图 1.3　例 3 显示结果

```
        <form method="" action="">
            <table border="1" width="400px">
                <tr>
                    <td>输入姓名：</td>
                    <td><input type="text" name="myname"></td>
                </tr>
                <tr>
                    <td>输入密码：</td>
                    <td><input type="password" name="password"></td>
                </tr>
                <tr>
                    <td>操作按钮：</td>
                    <td><input type="submit" name="submit" value=" 提交 "></td>
                </tr>
            </table>
        </form>
    </body>
</html>
```

✍说明：

（1）<form method=" " action=" ">...</form>，表单的开始和结尾标记。同时在开始的标记中设定其 method 属性和 action 属性。其中 method 属性为上传表单数据的方法，包括 post 和 get 方法，post 用于往服务器上传数据，get 用于从服务器获取数据。action 属性用于指定服务器端处理表单的程序文件。

（2）<input > 为表单中的输入框标记，type 指定其类型，"text" 为文本框，"password" 为密码，"submit" 为提交按钮，"radio" 为单选按钮，"checkbox" 为复选框，"select" 为列表等；name 指定其属性名。<input type="text" name="myname"> 定义一个文本输入框，<input type="password" name="password"> 定义一个密码输入框，<input type="submit" name="submit" value=" 提交 "> 定义一个动作按钮，用于提交表单中填写的元素，其中的 value 用于显示动作按钮的名称。

【例 4】使用列表标记，形成有序列表。在本例中使用 DIV 标记来定义列表所在的区域，同时加入超链接标记，代码如下。保存代码文件为 1_4.html，利用网页浏览器如 IE 浏览器打开，显示结果如图 1.4 所示。

```
<html>
<head>
    <title>我的第四个网页 </title>
</head>
<body>
    <h2> 第四个网页 </h2>
    <div style="width:300px;height:100px">
        <ol>
```

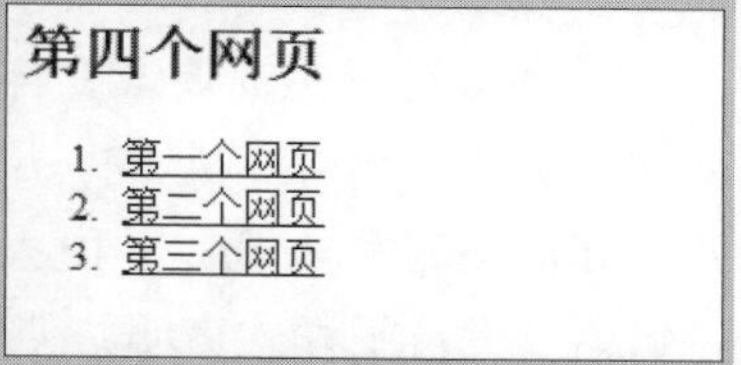

第四个网页

1. 第一个网页
2. 第二个网页
3. 第三个网页

图 1.4 例 4 显示结果

```
        <li><a href="1_1.html">第一个网页 </a></li>
        <li><a href="1_2.html">第二个网页 </a></li>
        <li><a href="1_3.html">第三个网页 </a></li>
    </ol>
  </div>
</body>
</html>
```

✍ 说明：

（1）<div >…</div>，用于定义块区域的开始和结尾标记。同时在开始的标记中设定该区域的样式，用 style 属性值表示。在 style 属性中可以设定多种区域样式特征，如宽度、高度、背景颜色、边框等。本例中 width 为宽度属性，设定为 300 px；height 为高度属性，设定为 100 px。

（2）<ol>…</ol> 为有序列表开始和结尾标记，<li>…</li> 为列表内容标记。两者要组合起来用，默认以阿拉伯数字来对列表进行次序标记。本例中加入了超链接标记，显示结果中在超链接文字下方默认有下划线样式，同时字体颜色默认为蓝色。当单击“第一个网页”时，会链接到 E5_1.html 网页，由此来实现网页之间的跳转。如果采用 ul 无序列表标记，则会默认在列表项前以黑色圆圈来显示。

1.3　CSS+DIV

1.3.1　CSS 样式

CSS（Cascading Style Sheet，层叠样式表）是用于控制网页样式并允许将样式信息与网页内容分离的一种标记性语言，已经被大多数浏览器所支持。

CSS 是一系列格式设置规则，用于控制 Web 页面内容的显示方式。CSS 的引入可以使得 HTML 更好地适应网页的美工设计，从而有效地控制网页布局，同时也可以更快、更方便地维护及更新大量的网页。

1. CSS 样式基本语法

CSS 基本语法由选择器（Selector）、属性（Property）和属性值（Value）三部分构成。

选择器 {属性 1：值 1；属性 2：值 2 ；……}

选择器通常是需要改变样式的 HTML 元素，如文本、边框、背景、表格等。样式属性包括字体、文本、背景、定位、尺寸、布局、轮廓、边框、列表、表格等。每个属性都有一个值，属性和值被冒号隔开，并由大括号包围，这样组成一个完整的样式声明。本章例 1 中就对“第一句话”进行了样式声明，使得该段文字呈现红色外观。

以下代码分别规定了标记元素 body、h5、p 和 table 的样式。

```
body{background:#666699;font-size:12px;font-family: 宋体 ;color:#989922}
h5{ color: Lime; }
p { color: #FF0000}
table{background:#00ffff; width:700px;border:1px solid #000000;}
```

2. 网页使用 CSS 样式

在 HTML 元素中设置 CSS 样式时，需要在元素中设置 id 和 class 选择器。

（1）id 选择器　id 选择器可以为标有特定 id 的 HTML 元素指定特定的样式。HTML 元素以 id 属性来设置 id 选择器，CSS 中 id 选择器以 "#" 来定义。

以下的样式规则应用于元素属性 id="para1"：

```
#para1{text-align:center; color:red; }
```

（2）class 选择器　class 选择器用于描述一组元素的样式，class 选择器有别于 id 选择器，class 可以在多个元素中使用。class 选择器在 HTML 中以 class 属性表示，在 CSS 中，类选择器以一个点 "." 号显示。

在以下的例子中，所有拥有 center 类的 HTML 元素均为居中。

```
.center {text-align:center;}
```

有三种方法可以在网页上使用样式表：外联式 Linking（也称外部样式表）、嵌入式 Embedding（也称内部样式表）、内联式 Inline（也称行内样式）。

● 外联式

当样式需要被应用到很多页面的时候，外联式样式表是理想的选择。使用外联式样式表，就可以通过修改一个文件来改变整个站点的外观样式，示例代码如下，其中 mystyle.css 就是 CSS 样式表文件，通过 link 标记实现链接。通常，在网页的 head 标记内使用 link 标记中的 href 属性指定外联 css 文件。

```
<head>
    <link rel="stylesheet" type="text/css" href="mystyle.css" >
</head>
```

● 嵌入式

单个网页文件需要特别样式时，就可以使用嵌入式内部样式表。通常，在 head 部分通过 <style> 标记定义内部样式表，将定义的 css 样式代码放在 style 首尾标记内，示例代码如下：

```
<head>
    <style type="text/css"> body {background-color:red} </style>
</head>
```

● 内联式

当某个元素需要特别样式时，就可以使用内联样式。使用内联样式的方法是在相关标记中使用样式属性，示例代码如下：

```
<p style= "font-size: 12px;font-family:宋体;color:#989922">样式的一个例子</p>
```

3. CSS 样式属性

CSS 样式主要作用于 HTML 元素，下面从文本标记开始介绍常用的 CSS 样式属性。

（1）文字样式　文字样式包括文字颜色、字体、特效等，常用文字样式属性见表 1.2。

表 1.2　常用文字样式属性

属性	属性名称	设置值	使用格式
color	字体颜色	颜色名称，十六进制	color:red;
font-family	字体样式	字形名称	font-family:Arial black;
font-size	字体大小	数值＋单位（px,em）	font-size:16px;
font-weight	文字粗体	normal（正常） bold（粗体） bolder（超粗体） lighter（细体）	font-weight:bold;
text-align	排列位置	center(居中) left（居左） right（居右） justify（两端对齐）	text-align:center;
text-decoration	文本装饰	none(无) underline(加下划线) line-through(加贯穿线) blink（文本闪烁）	text-decoration:underline;

（2）表格样式　CSS 表格属性可以极大地改善表格显示的外观，常用表格 CSS 样式属性见表 1.3。

表 1.3　常用表格 CSS 样式属性

属性	属性名称	设置值	使用格式
border	边框	线型	border:1px solid red
width	宽度	数值＋百分比 数值＋单位	width:100%;
height	高度	数值＋百分比 数值＋单位	height:80px;
align	文本对齐	center（居中）	align:center
border-collapse	折叠边框	collapse（合并）	border-collapse:collapse
border-spacing	单元格边框距离	数值＋百分比 数值＋单位	border-spacing:2px

（3）背景样式　设定网页或者区域内背景样式，可以为网页显示增加一定的效果。常用背景样式属性见表 1.4。

表 1.4　常用背景样式属性

属性	属性名称	设置值	使用格式
background–color	背景颜色	颜色 十六进制	background–color:#e30
background–image	背景图像	url（给定位置）	background–image:url("a.jpg")
background–repeat	重复显示	repeat–x(横向重复) repeat–y (纵向重复) repeat （重复) no–repeat（不重复)	background–repeat:no–repeat
background	简写背景属性		background:#f30 no–repeat fixed center;

（4）列表样式　在 HTML 中，有两种类型的列表。

● 无序列表:列表项标记用特殊图形（如小黑点、小方框等）。

● 有序列表:列表项的标记有数字或字母。

使用 CSS 可以列出进一步的样式，并可用图像作列表项标记。

一般将列表 CSS 样式设置在一个声明中，具体格式示例如下:

```
list-style: square url("sqpurple.gif");
list-style: none
```

（5）超链接样式　网页中 <a> 标记超链接是常见的 HTML 元素。可以用不同的方法为链接设置样式，其 CSS 样式属性包括颜色、字体、背景等，常用的超链接样式属性见表 1.5。特别的链接可以有不同的样式，这取决于它们是以下哪种状态，具体如下:

a:link——正常，未访问过的链接；

a:visited——用户已访问过的链接；

a:hover——当用户鼠标放在链接上时；

a:active——链接被单击的那一刻。

表 1.5　常用超链接样式属性

状态	状态含义	使用示例	
a:link	未访问	a:link{color:blue;}	正常链接字体为蓝色
a:visited	访问过	a:visited{text–decoration:none;}	访问过后去掉下划线
a:hover	鼠标放在链接上时	a:hover{color:red}	鼠标放在超链接上时字体变为红色
a:active	被单击时	a:active{color:#f90}	单击链接时字体变为浅红色

（6）CSS 盒子模型　所有 HTML 元素可以看作盒子，在 CSS 中，"box model" 这一术语是用来设计和布局时使用的。CSS 盒子模型本质上是一个盒子，封装周围的 HTML 元素，包括边

距、边框、填充和实际内容。CSS 盒子模型允许在其他元素和周围元素边框之间的空间放置元素。CSS 盒子模型如图 1.5 所示。

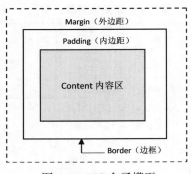

图 1.5　CSS 盒子模型

对图 1.5 不同部分的说明：

Margin(外边距)——— 清除边框外的区域，外边距是透明的；

Border(边框)——— 围绕在内边距和内容外的边框；

Padding(内边距)——— 清除内容周围的区域，内边距是透明的；

Content(内容)———盒子的内容，显示文本和图像。

在给 CSS 盒子模型设置样式时，主要用到的就是上述的边距和边框属性，见表 1.6。

表 1.6　常用 CSS 盒子模型样式属性

属性	属性含义	使用示例	
margin	外边距	margin:20px;	外边距全为 20px
		margin–top:10px;	上边距为 10px
		margin:5px 10px;	上下边距为 5px，左右边距为 10px
border	边框	border:1px solid #f30;	边框线型、颜色
		border–top: 1px dotted red;	上边框线型、颜色
padding	内边距	padding:20px;	内边距全为 20px
		padding–top:10px;	上部内边距为 10px
		padding:5px 10px;	上下内边距为 5px，左右内边距为 10px

由于一个 CSS 盒子模型有 4 条边，因此在定义边距和边框属性时既可以统一定义 4 条边的属性，也可以单独定义。单独定义时采用 top、right、bottom、left 辅助定义，边距属性单位主要为百分比或具体量值，边框属性可包括线型、颜色等。

1.3.2　CSS+DIV

DIV（Division，区块标记）是 CSS 层叠样式表中的定位技术，可设定区块内文本、图像、表格等元素的摆放位置。DIV 的起始标记和结束标记之间的所有内容都是用来构成这个区块容器的，其中所包含元素的特性由 DIV 标记的属性来控制，或者通过样式表格化这个块来进行控制。在 HTML 文档内其标记符号为 <div>、</div>。

　　<div> 是一个块级元素，这意味着它的内容自动地开始一个新行。实际上，换行是 <div> 固有的唯一格式表现。目前，所有主流浏览器都支持 DIV 标记。

　　上述的 CSS 盒子模型主要用于 DIV 标记的样式定义。

　　布局对于网站设计是非常重要的，合理的布局可改善网页的外观，使得用户具有愉悦的浏览感受。大多数网站会把内容按照行列方式进行布局，就像杂志或报刊一样。早期网页布局多使用表格（table），但由于表格的目的主要用于呈现表格化数据，当用于网页布局时会影响网页制作和后期浏览的效果。CSS+DIV 是 Web 设计标准，它是一种新的网页布局方法，可以实现网页页面内容与表现相分离，从而适应网络应用更多不同的需求。

　　在网页设计时，先利用 div 标记布局某个区域，同时对该 div 标记设置唯一的 ID 或者类名 class。设定好 DIV 区域后，就可以在区域内开始放置文本、表格、图像、表单等网页元素。

　　【例 5】定义一个类名为 container 的 DIV，设置其 CSS 属性。

```
<html>
<head>
    <style type="text/css">
        .container{width:600px;height:400px;border:1px solid red }
                                    // 定义 CSS 样式
    </style>
</head>
<body>
    <div class="container">          // 定义一个 class 名为 container 的 div
        <h2>CSS+DIV 示例 </h2>        // 加入一个标题 2 格式的文字
        <p> 第一句话 </p>            // 加入一个段落格式的文字内容
    </div>
<body>
</html>
```

上述代码中 // 号后面的文字表示对代码进行注释。

✍说明：

　　（1）<div class="container"></div> 定义一个类名为 container 的 DIV，并在其中加入其他网页元素。

　　（2）.container{width:600px;height:400px;border:1px solid red }，选择器为类名，属性设定包括宽、高和边框样式。

1.3.3　灵活布局网页

　　采用 DIV 来进行布局时，通常在网页上会使用多个 DIV，这多个 DIV 具有父子、兄弟等关系，因此对于多个 DIV 的排列或者摆放还需要使用 CSS 的定位显示属性。使用 CSS 定位显示属性对各个 DIV 进行定义，可使得 DIV 能够正常合理地布局，制作出美观的网页。

1. CSS 定位和浮动

CSS 为 HTML 元素的位置或者浮动提供了一些属性，利用这些属性，可以建立列式布局，将布局的一部分与另外一部分重叠，还可以完成需要多个表格才能完成的布局任务。

定位的基本思想很简单，它允许用户定义元素框相对于其正常位置应该出现的位置，或相对于父元素、兄弟元素甚至浏览器本身的位置。同时，CSS 还提供了浮动属性，使得布局更加灵活。

CSS 有三种基本的定位机制：普通流、浮动和绝对定位。除非专门指定，否则所有框都在普通流中定位。也就是说，普通流中元素的位置由元素在 (X)HTML 中的位置决定。块级框从上到下一个接一个排列，框之间的垂直距离由框的垂直外边距计算出来。行内框在一行中水平布置。可以使用水平内边距、边框和外边距调整它们的间距。但是，垂直内边距、边框和外边距不影响行内框的高度。由一行形成的水平框称为行框（Line Box），行框的高度总是足以容纳它包含的所有行内框。不过，设置行高可以增加行框的高度。

表 1.7 为定位时主要采用的 CSS 格式属性。

表 1.7　CSS 定位格式属性

格式属性	含义描述	格式示例
position	把元素放置到一个静态的 (static)、相对的 (relative)、绝对的 (absolute) 或固定的 (fixed) 位置中	position:relative
top	一个定位元素的上外边距边界与其包含块上边界之间的偏移。可表示为具体数值 + 单位或者百分比	top:300px top:10%
right	定位元素右外边距边界与其包含块右边界之间的偏移	right:20px
bottom	定位元素下外边距边界与其包含块下边界之间的偏移	bottom:10px
left	定位元素左外边距边界与其包含块左边界之间的偏移	left:20px
overflow	设置当元素的内容溢出其区域时发生的事情	overflow:hidden
z-index	设置元素的堆叠顺序。值越大，元素越在上面	z-index:999

CSS 中使用 float 属性来定义元素的浮动。float 属性定义元素向哪个方向浮动。由此来实现元素块的自定义移动定位。CSS 浮动格式属性见表 1.8。

表 1.8　CSS 浮动格式属性

格式属性	含义描述	格式示例
left	让元素往左浮动	float:left
right	让元素往右浮动	float:right
clear	清除浮动	clear:both
inherit	规定从父元素继承浮动属性的值	float:inherit

2. CSS 定位和浮动示例

由于 DIV 属于块级元素，即定义后会自动占据一行的位置，其余的元素只能在下一行开始显示。如果连续定义几个 DIV，排列时布局如图 1.6(a) 所示，如果想让几个块级 DIV 排列在一行 [见图 1.6(b)]，就需要用到 CSS 的浮动属性。

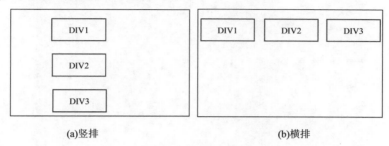

图 1.6　CSS 浮动示例

CSS 布局 DIV 浮动代码示例如下：

```
<div class="container">               左侧 div 的 CSS 样式定义：
   <div class="box"></div>            .container{width:600px;height:400px;}
   <div class="box"></div>            .box { float:left;width:100px;height:40px;
   <div class="box"></div>            margin:10px}
   <div class="clear"></div>           .clear{ clear:both; }
</div>
```

✍ **说明**

（1）<div class="container"></div> 类名为 container 的 DIV，属于父元素；在其内定义了三个类名为 box 的 DIV，需要先对父元素定义高、宽属性才能调整子元素的定位。

（2）.box { float:left;width:100px;height:40px; margin:10px} 为对子元素 DIV 定位和浮动的设置。float:left，设定浮动方向向左，margin:10px 设定子 DIV 之间外边距为 10px。

（3）通常需要在设定浮动 DIV 区后增加一个 DIV，并将其浮动属性设定为 clear:both，即清除浮动，这样可使得父元素之外的 HTML 元素正常布局。

1.3.4　网页布局实例

网页设计里主要采用 CSS+DIV 进行布局。使用 DIV 可以将页面首先在整体上进行 <div> 标记的分块，然后对各个块进行 CSS 定位，最后再在各个块中添加相应的内容。通常情况下，网页页面可分为头部区域、导航区域、主体部分和底部，其中主体部分又可以根据需要分为几列，如图 1.7 所示。

扫一扫，看微课

在网页中插入各个块的 <div> 标记，如头部区域插入 <header> 标记，导航区域插入 <nav> 标记，主体部分插入 <main> 标记和 <side> 标记，底部区域插入 <footer> 标记。每个标记内都是一个容器，可以加入各种元素，如标题、段落、图片、表格、列表等，也可以嵌套另一个 DIV。

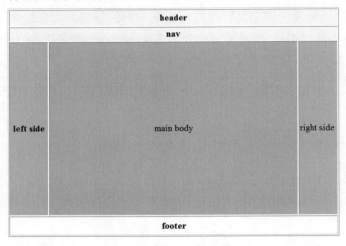

图 1.7　页面整体结构部署

在定义完各个块标记后，就可以利用 CSS 规则对各个 DIV 进行样式设定，还可以对 DIV 标记进行定位，以使布局合理美观。

【例 6】完成图 1.7 所示的网页布局。参考代码如下：

```
<html>
<head>
    <title> 网页布局实践 </title>                  // 定义网页标题
    <meta charset="utf-8">                          // 定义使用 utf-8 编码格式
    <link rel="stylesheet" href="test.css">// 使用 test.css 外部 CSS 样式文件
</head>
<body>
    <div class="header">header</div>          // 定义头部 div
    <div class="nav">nav</div>                 // 定义导航栏 div
    <div class="container">                    // 定义主体区域 div
        <div class="left">left side</div>      // 定义左侧区 div
        <div class="main">main body</div>      // 定义中部 div
        <div class="right">right side</div>    // 定义右侧区 div
        <div class="clear"></div>              // 定义 div 清除浮动
    </div>
    <div class="footer">footer</div>           // 定义底部 div
</body>
</html>
```

接下来开始定义各个 DIV 块的 CSS 规则，代码参考如下：

```
    .header{                                   // 头部 div 区 CSS 定义
```

```
        width:1000px;
        height:40px;
        background:#e8d06e;
        text-align:center;
    }
    .nav{                                    // 导航 div 区 CSS 定义
        width:1000px;
        height:30px;
        background:#e8d06e;
        text-align:center;
    }
    .container{                              // 中部主体 div 区 CSS 定义
        width:1000px;
        height:300px;
        text-align:center;
    }
    .left,.right{                            // 中部主体两侧 div 区 CSS 定义
        float:left;
        width:10%;
        height:100%;
        vertical-align:mid;
        background:#3dcef1;
    }
    .main{                                   // 中部主体内容 div 区 CSS 定义
        float:left;
        width:80%;
        height:100%;
        vertical-align:mid;
        background: #3df1b8;
    }
    .clear{                                  // 中部主体清除浮动
        clear:both;
    }
    .footer{                                 // 底部 div 区 CSS 定义
        width:1000px;
        height:30px;
        text-align:center;
    }
```

将定义好的 CSS 代码保存为 test.css 文件，与上述网页文件放在同一目录下，然后使用浏览器预览就可以完成上述网页布局。

✍ **说明：**

（1）中部主体布局区划分为三个块，在 CSS 设定宽度时采用了百分比的方式。即父元素宽度定义了具体数值后，子元素可以采用占百分比的方式来设定宽度，使得子元素可以充满父元素。

（2）在上述 CSS 代码中，有一些 DIV 块的 (如宽度、字体) 属性都是一样的，可以用 body 元素统一设定相同的元素 CSS 属性。

1.4 JavaScript 基础

JavaScript 是一门跨平台、面向对象的脚本语言，它能够让网页具有交互功能 (如具有复杂的动画、可单击的按钮、通俗的菜单等)。另外，还有高级的服务端 JavaScript 版本，例如 Node.js，它可以让用户在网页上添加更多的功能，不仅仅是下载文件 (如在多台电脑之间的协同合作)。在宿主环境 (如 Web 浏览器) 中，JavaScript 能够通过其所连接的环境提供的编程接口进行控制。

1.4.1 JavaScript 简介

JavaScript 具有如下特点：

（1）JavaScript 是一种解释性脚本语言 (代码不进行预编译)。

（2）主要用来向 HTML (标准通用标记语言下的一个应用) 页面添加交互行为。

（3）可以直接嵌入 HTML 页面，但写成单独的 js 文件有利于结构和行为的分离。

（4）跨平台特性，在绝大多数浏览器的支持下，可以在多种平台下运行 (如 Windows、Linux、Mac、Android、iOS 等)。

（5）主要用于前端操作 DOM、操作浏览器。

（6）基于 JavaScript 还可扩展形成 TypeScript，以及服务器端的 Node.js，几乎无所不能。

1.4.2 JavaScript 入门

1. hello world 程序

在 HTML 页面中插入 JavaScript，需要使用 <script> 标记。<script> 和 </script> 会告诉 JavaScript 在何处开始和在何处结束。JavaScript 脚本就包括在 <script></script> 标记中，同时这个脚本一般放置在网页的头部 <head> 或者 <body> 中。

对于初学者来说，"hello world" 程序示例是所有程序学习的第一课。下面在网页中添加一些基本的 JavaScript 脚本来完成这个 "hello world" 示例。

【**例 7**】在网页中插入 JavaScript 程序，实现 helloworld 弹窗提示。

扫一扫，看微课

```html
<html>
```

```
<head>
    <title>hello world</title>
</head>
<body>
    <script >
        alert('hello,world!');                    // 弹窗输出文本
    </script>
</body>
</html>
```

✍ 说明：

　　alert('hello,world!')：其中的 alert() 是 JavaScript 内置函数，表示将括号后的内容在浏览器窗口弹窗输出，其中内容一般为字符串类型。

　　在浏览器中运行上述代码，将会在浏览器窗口弹出一个小窗，内容即"hello world！"。

　　也可以将上述 <script> 标记内容挪至 <head></head> 标记内，运行效果是一样的。

　　还可以将 JavaScript 代码保存成一个文件，然后在 HTML 文档内引用。当使用文件保存 JavaScript 脚本时，不用写 script 标记，但扩展名必须为 .js。如将弹窗脚本保存为 hello.js 文档，存放在与网页文件同一目录下，内容代码如下：

```
alert("hello, world");
```

　　然后在网页文件中按如下格式引入：

```
<script src="hello.js"></script>
```

　　用浏览器执行该 HTML 文件，效果一样。

2. 基本语法

　　在 JavaScript 中创建变量，通常称为声明变量，方法是使用 var 关键词来声明，如 var parameter。变量声明之后，该变量是空的（没有值）；如果需要向变量赋值，就可以使用赋值符号，如 var parameter=10，即将变量 parameter 赋值为数字 10。

　　与其他面向对象编程语言类似，JavaScript 也包括字符串、数字、布尔值、数组、对象、null 等数据类型，用法示例见表 1.9。

表 1.9　JavaScript 数据类型

变量	解释	示例
String	字符串（一串文本）。字符串的值必须用引号（单双均可，必须成对）扩起来	var para = ' 李雷 ';
Number	数字。无需引号	var para = 10;
Boolean	布尔值（真 / 假）。true/false 是 JavaScript 里的特殊关键字，无需引号	var para = true;

变量	解释	示例
Array	数组。用于在单一引用中存储多个值的结构	var para = [1, 'a', 10]; 元素引用方法：para[0], para[1]…
Object	对象。JavaScript 里一切皆对象，一切皆可储存在变量里	var para = obj.data;

JavaScript 语言的基本运算符包括加、减、乘、除、逻辑运算符等，见表 1.10。

表 1.10　JavaScript 运算符

运算符	解释	符号	示例
加	将两个数字相加，或拼接两个字符串	+	6 + 9; "Hello " + "world!";
减、乘、除	这些运算符操作与基础算术一致。只是乘法写为星号，除法写为斜杠	–, *, /	9 – 3; 8 * 2; 9 / 3;
赋值运算符	为变量赋值	=	var para = ' 李雷 ';
等于	测试两个值是否相等，并返回一个 true/false 值	==	var para = 3; para== 4; // false
不等于	和等于运算符相反，测试两个值是否不相等，并返回一个 true/false 值	!=	var para = 3; para != 3; // false
取非	返回逻辑相反的值，比如当前值为真，则返回 false	!	var para = 3; !(para == 3); // false

3. JavaScript 函数

函数就是包含在花括号中的代码块，前面使用了关键词 function。

```
function myFun()
{
                // 执行代码
}
```

【例 8】计算两个变量乘积，并在控制台输出计算结果。

```
<html>
<head>
    <title>hello world</title>
</head>
<body>
    <script >
        var m=1,n=3;                    // 定义 m 和 n 变量，并分别赋值
        var re=multiply(m,n);           // 调用 multiply( ) 函数，并传值
```

扫一扫，看微课

```
        console.log(re);              // 控制台打印结果
        function multiply(a,b)        // 定义函数 multiply, a 和 b 为虚参
        {
            return a*b;               // 计算 a 与 b 乘积结果并返回
        }
    </script>
</body>
</html>
```

✎ 说明：

（1）var m=1,n=3。该语句用于定义两个实参变量，同时赋值。

（2）re=multiply(m,n); 调用 multiply 函数，同时将实参的值传递给形参 a 和 b。

（3）console.log(re); 在浏览器控制台显示结果。打开浏览器，按快捷键 F12 即可进入网页开发者工具，找到控制台 console，结果就显示在空白区域。

（4）JavaScript 对大小写敏感。关键词 function 必须小写。调用函数时必须大小写一致。

1.4.3 JavaScript 事件

HTML 事件是发生在 HTML 元素上的事情。当在 HTML 页面中使用 JavaScript 时，JavaScript 可以触发这些事件。

HTML 事件可以是浏览器行为，也可以是用户行为。以下是 HTML 事件的实例：

● HTML 页面完成加载。

● HTML input 字段改变时。

● HTML 按钮被单击。

通常，当事件发生时，可以使用 JavaScript 执行一些代码。HTML 元素中可以添加事件属性，使用 JavaScript 代码来添加 HTML 元素。具体格式：

```
单引号：<some-HTML-element some-event='JavaScript 代码'>
双引号：<some-HTML-element some-event="JavaScript 代码">
```

【例 9】单击按钮时调用 JavaScript 函数显示当前日期。

```
<html >
<head>
    <meta charset="UTF-8">
    <title>JavaScript 事件 </title>
</head>
<body>
    <h1>JavaScript 事件之属性调用 </h1>
    <p> 单击执行 <em>myFunc()</em> 函数 </p>
    <button onclick="myFunc()">点击这里 </button>
```

扫一扫，看微课

```
        <p id="one"></p>
        <script>
            function myFunc() {
                document.getElementById("one").innerHTML = Date();
            }
        </script>
    </body>
</html>
```

✍ 说明：

（1）<button onclick="myFunc()"> 单击这里 </button>：button 按钮具有触发事件类型 onclick、onhover 等，这里为当单击按钮时调用 myFunc 函数。

（2）document.getElementById("one").innerHTML = Date()。使用 JavaScript 操作 HTML 文档中的 DOM 元素，这里使用了 getElementById 方式，即通过 id 选择器来匹配 DOM 元素，这里为 <p> 标记，innerHTML 为 DOM 元素内容，Date() 函数为 JavaScript 内置函数，用于读取系统当前日期。这里将当前日期显示在 id 为 one 的 <p> 标记内。

1.4.4　JavaScript 操作 DOM

1. DOM 元素含义

当网页被加载时，浏览器会创建页面的文档对象模型（Document Object Model）。根据 DOM 模型，HTML 文档中的每个成分都是一个节点。DOM 是这样规定的：

（1）整个文档是一个文档节点。

（2）每个 HTML 标记是一个元素节点。

（3）包含在 HTML 元素中的文本是文本节点。

（4）每一个 HTML 属性是一个属性节点。

因此 HTML 文档中的所有节点组成了一个文档树（又称节点树）。HTML 文档中的每个元素、属性、文本等都代表着树中的一个节点。树起始于文档节点，并由此继续伸出枝条，直到处于这棵树最低级别的所有文本节点为止，如图 1.8 所示。

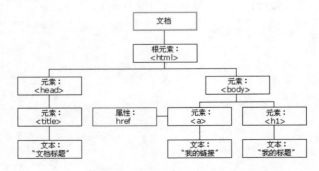

图 1.8　HTML DOM 节点树模型

请看下面这个 HTML 文档：

```
<html>
<head>
    <title>DOM Tutorial1</title>
</head>
<body>
    <h1>DOM Lesson one</h1>
    <p>Hello world!</p>
</body>
</html>
```

我们来分析这个文档的节点，可以画出节点树如图 1.9 所示。

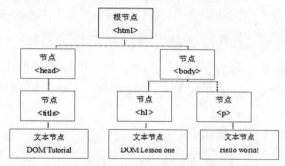

图 1.9　HTML DOM 节点树分析

每个 HTML 文档中除了根节点外，其他节点都有父节点，同时大部分节点都有子节点。上述文档中，<head> 和 <body> 的父节点是 <html> 节点，文本节点 "Hello world!" 的父节点是 <p> 节点。<head> 节点有一个子节点——<title> 节点。<title> 节点也有一个子节点——文本节点 "DOM Tutorial"。

当节点分享同一个父节点时，它们就是同辈（兄弟节点）。比方说，<h1> 和 <p> 是同辈，因为它们的父节点均是 <body> 节点。

节点也可以拥有后代，后代指某个节点的所有子节点，或者这些子节点的子节点，依次类推。例如，所有的文本节点都是 <html> 节点的后代，而第一个文本节点是 <head> 节点的后代。

节点也可以拥有先辈。先辈是某个节点的父节点，或者父节点的父节点，依次类推。例如，所有的文本节点都可把 <html> 节点作为先辈节点。

2. 查找定位 HTML 元素

通常，采用三种方法在 HTML 文档中定位某个 HTML 节点。

（1）通过 id 属性找到该元素　在编写网页文档时，可以在网页元素处设定 id 属性，如 <div id="box"></div>，将该 DIV 块设定其 id 为 box。这样就可以使用 getElementById() 方法定位该 DIV。

具体用法为

```
var div1=document.getElementById("box") ;
```

找到的 DIV 结果以对象形式返回。

（2）通过标记名找到该元素　此时采用 getElementsByTagName() 方法来定位。具体用法如下：

```
document.getElementsByTagName(" 标记名称 ")。
```

例如：查找 HTML 文档 <h5> 元素，其使用如下：

```
document.getElementsByTagName("h5")。
```

✍ 说明：

> HTML 文档中每个 HTML 标记只能有一个 id 属性，因此可以通过 id 来直接精确定位到该 HTML 元素。而采用标记名来定位时，由于标记名有重复，因此会将所有相同标记名称的元素全部找到，无法精确定位。

（3）通过使用一个元素节点的 parentNode、firstChild 和 lastChild 属性　使用这种方法就需要分析节点之间的关系，parentNode 表示父节点，firstChild、lastChild 属性分别表示第一个子节点和最后一个子节点。

【例 10】定位 id 为 list 中的列表元素。

```
<html>
<head>
<title>DOM Tutorial2</title>
</head>
<body>
    <div id="box">
        <ul id="list">
            <li>2019 年 3 月 6 日 <li>
            <li>2019 年 3 月 7 日 </li>
            <li>2019 年 3 月 8 日 </li>
        </ul>
    </div>
</body>
</html>
```

扫一扫，看微课

做法：首先通过 id 定位到 ul 标记，即 document.getElementById("list")，然后可以采用 firstChild、lastChild 属性获得具体列表 li 标记。

```
document.getElementById("list").firstChild        // 第一个列表
document.getElementById("list").lastChild         // 第三个列表（最后一个列表）
```

✍ 说明：

因为无法给所有列表或表格中单元格元素都给定 id 属性，所以这种使用节点之间的关系来定位的方法主要用于列表或表格元素中。在同级节点表示关系时，可以使用 nextSibling、previousSibling 属性来定位。

3. 操作 HTML 元素

通过可编程的对象模型，JavaScript 获得了足够的能力来创建动态的 HTML。

（1）JavaScript 改变页面中 HTML 元素内容　使用 innerHTML 属性来实现，具体语法如下：

```
document.getElementById(id).innerHTML=new HTML
```

【例 11】修改段落文字内容为"New text!"。

```
<html>
<body>
    <p id="p1">Hello World!</p>
    <script>
        document.getElementById("p1").innerHTML="New text!";
    </script>
</body>
</html>
```

扫一扫，看微课

（2）JavaScript 改变页面中 HTML 元素属性　先定位 HTML 元素，然后调用其属性，赋新值即可，具体语法如下：

```
document.getElementById(id).attribute=new value
```

【例 12】修改图像显示的宽度和高度属性。

```
<html>
<body>
        <img id="img1" src="smile.png" width="80px" height="80px">
        <script>
            document.getElementById("img1").width="120";
            document.getElementById("img1").height="120";
        </script>
</body>
</html>
```

（3）JavaScript 改变 HTML 元素的 CSS 样式　通过 HTML DOM 可以访问 HTML 对象的 CSS 样式。使用语法如下：

```
document.getElementById(id).style.attribute="new attribute value"
```

【例 13】更改段落的 HTML 样式。

```
<p id="p1">Hello world!</p>
<p id="p2">Hello world!</p>
<script>
    document.getElementById("p2").style.color="blue";        // 更改 id 为 p2 的段落字体
                                                                       颜色为蓝色
    document.getElementById("p2").style.fontFamily="Arial";  // 更改其字体类型
                                                                       为 Arial
    document.getElementById("p2").style.fontSize="larger";   // 更改字体大小为
                                                                       增大
</script>
```

（4）JavaScript 对页面中的所有事件做出反应 表 1.11 为常见的 DOM 事件，包括鼠标、键盘、表单以及文档 / 窗口等事件。

表 1.11 常见 DOM 事件

鼠标事件	键盘事件	表单事件	文档 / 窗口事件
click	keypress	submit	load
dblclick	keydown	change	resize
mouseenter	keyup	focus	scroll
mouseleave	hover	blur	unload

单击 HTML 元素时，可以给 onclick 事件添加如下 JavaScript 代码：

```
onclick=function()
```

【例 14】实现当单击按钮时段落文字内容发生改变。

```
<p id="p1">Hello world!</p>
<input type="button" onclick="ChangeText()" value=" 修改文本 " />
<script>
    function ChangeText()
    {
        document.getElementById("p1").innerHTML="Hello Peter!";
    }
</script>
```

1.4.5 JavaScript 框架

JavaScript 框架是指以 JavaScript 语言为基础搭建的编程框架。由于不同公司出品的浏览器功能有差异，以及浏览器版本之间也存在差异，在进行高级程序设计时直接使用原生的 JavaScript 通常需要考虑各种兼容性，非常耗时。为了应对这些调整，因此许多 JavaScript (helper) 库应运而生。这些 JavaScript 库常被称为 JavaScript 框架。同时，基于 JavaScript 基础扩展了许多程序库，功能非常强大，涉及 Web UI 设计、Ajax、服务器端操作等。

目前，非常受欢迎或者流行的 JavaScript 框架包括 jQuery、Vue.js、Node.js、AngularJS、React.js 等。所有这些框架都提供了针对常见 JavaScript 任务的函数，包括 DOM 操作、动画以及 Ajax 处理。下面主要介绍前三种。

1. jQuery 框架

jQuery 框架是一个快速、简洁的 JavaScript 框架，帮助简化查询 DOM 对象、处理事件、制作动画和处理 Ajax 交互过程。利用 jQuery 将改变编写 JavaScript 代码的方式。原先用 20 行代码完成的功能，jQuery 用 10 行就可以轻松完成。

jQuery 最新版本是 3.3.1，可以从其官网上直接下载，选择压缩包 jquery-3.3.1.min.js 并下载，大小不到 100kB，非常小，但功能非常强大（图 1.10）。

图 1.10　jQuery 官网导航栏

（1）jQuery 安装　下载后把 jquery-3.3.1.min.js 放在网页文档目录下，然后使用 HTML 中的 <script> 标记引用即可。

```
<head>
    <script src="jquery-3.3.1.min.js"></script>
</head>
```

如果不希望下载并存放 jQuery，那么也可以通过 CDN（内容分发网络）引用它。Staticfile CDN、百度、又拍云、新浪、谷歌和微软的服务器都存有 jQuery。在引用时改变一下 <script> 标记中的 src 属性即可，如下为使用百度 CDN 方式：

```
<head>
    <script src="https://apps.bdimg.com/libs/jquery/2.1.4/jquery.min.js"></script>
</head>
```

（2）jQuery 语法　jQuery 语法是通过选取 HTML 元素，并对选取的元素执行某些操作。其基础语法如下：

```
$(selector).action()
```

其中，美元符号 $ 定义 jQuery，选择符（selector）"查询"和"查找"HTML 元素，jQuery 的 action() 执行对元素的操作。

例如：

```
$(this).hide()                          // 隐藏当前元素
$("p").hide()                           // 隐藏所有 <p> 元素
$("#test").hide()                       // 隐藏 id="test" 的元素
```

（3）jQuery 选择器　　与原生 JavaScript 类似，在选取 HTML 元素时可以采用其 id 属性、class 类名或者标记名来实现，但写法比原生 JavaScript 要简单得多。

1）id 属性选择：#id，如选择 id 为 box 的 Div 元素，直接写为 $("#box")。

2）class 类名选择：.class，如选择 class 为 box 的 Div 元素，直接写为 $(".box")。

3）HTML 标记选择：html 标记名，如选择段落标记 <p>，直接写为 $("p")。

4）节点关系选择：如选择列表里第一个列表，直接写为 $("li:first")；

如选择列表里最后一个列表，直接写为 $("li:last")；

如选择列表里偶数个列表，直接写为 $("li:even")。

jQuery 还可以直接选择 CSS 样式，可以修改 HTML 元素的 CSS 属性。如把所有 <p> 元素的字体大小更改为 20px：

```
$("p").css("font-size","20px");
```

（4）jQuery 操作 DOM 事件　　在 jQuery 中，大多数 DOM 事件都有一个等效的 jQuery 方法，其基本语法如下：

```
$(selector).action( function( ) {…some code…} )
```

例如，对于页面中的 id 为 btn 的按钮，设计单击后的事件可以表示为

```
$("#btn").click(function(){
    // 动作触发后执行的代码
})
```

如果加入单击后使得 <p> 标记中的文字颜色改变为红色，代码可以写为

```
$("#btn").click(function(){
    $("p").css("color", "red");
})
```

（5）jQuery 获得或设置内容和属性　　前述 JavaScript 操作 DOM 时使用 innerHTML 方法获得元素内容，在 jQuery 里有三个简单而实用的方法：

1）text( )：设置或返回所选元素的文本内容。

2）html( )：设置或返回所选元素的内容（包括 HTML 标记）。

3）val( )：设置或者返回表单字段的值。

上述示例 5 中修改段落内容就可以修改为

```
$("p").text("New text!");
或者$("p").html("New text!");
```

（6）jQuery 效果　这是 jQuery 框架内置的函数，主要包括隐藏/显示、淡入/淡出、滑动、动画等效果。具体使用方法见表 1.12。

表 1.12　jQuery 框架常用效果的使用方法

jQuery 效果	调用方法	示例
HTML 元素隐藏	hide( )	$("p").hide() // 段落不显示
HTML 元素显示	show( )	$("p").show() // 段落显示
HTML 元素显示/隐藏切换	toggle( )	$("p").toggle() // 显示被隐藏的元素，并隐藏已显示的元素
HTML 元素淡入	fadeIn( )	$("p"). fadeIn( ) // 隐藏的段落淡入显示
HTML 元素淡入	fadeOut( )	$("p"). fadeOut( ) // 显示的段落淡出隐藏
HTML 元素淡入/淡出切换	fadeToggle( )	$("p"). fadeToggle( ) // 显示的段落淡出隐藏，隐藏的段落淡入显示
HTML 元素向上滑动显示	SlideUp( )	$("p"). SlideUp ( ) // 段落向上滑动
HTML 元素向下滑动显示	SlideDown( )	$("p"). SlideDown ( ) // 段落向下滑动
HTML 元素滑动切换	SlideToggle( )	$("p"). fadeToggle ( ) // 段落两种滑动方式切换
停止 HTML 元素效果	stop( )	$("p"). stop ( ) // 停止效果

上述效果还可以添加时间参数和回调函数，语法：$(selector).action(time,callback)。如 $("#div3").fadeIn(3000)，即让 id 为 div3 的 DIV 元素 3000ms 后淡入显示。

（7）jQuery 使用　与 JavaScript 一样，在编写好 jQuery 代码后，需要将代码放置在 <script> 标记内，然后放在页面的头部或者底部，或者另存为 .js 的文档，给定 <script> 标记的 src 属性即可。

【例 15】单击按钮时隐藏 HTML 元素，再单击时显示该元素。

```
<html>
<head>
    <script type="text/javascript" src="jquery-3.3.1.min.js"></script>
    <script type="text/javascript">
        $(document).ready(function(){
            $("button").click(function(){
            $("p").toggle();
        });
    });
    </script>
</head>
```

扫一扫，看微课

```
<body>
    <h2>This is a heading</h2>
    <p>This is a paragraph.</p>
    <p>This is another paragraph.</p>
    <button>Click me</button>
</body>
</html>
```

✍说明：

（1）<script type="text/javascript" src="jquery-3.3.1.min.js"></script>：要在 HTML 文档头部引入 jquery 库文件，这里用的是 jquery 压缩包文件。

（2）$(document).ready(function(){}})：选择器 $ 里是整个文档 document，ready 表示状态方法，即整个文档加载完毕后执行 function 函数。

（3）$("button").click(function(){ $("p").toggle(); })：这段代码就是按钮单击事件的应用，使得标记为 <p> 的元素具有单击隐藏 / 显示切换效果。注意，在写这段代码时一定要将大括号、圆括号写全，放在正确的位置。

（8）jQuery Ajax 简介　Ajax 是与服务器交换数据的艺术，它在不重载全部页面的情况下，实现了对部分网页的更新。

Ajax = 异步 JavaScript 和 XML（Asynchronous JavaScript and XML）。

简短地说，在不重载整个网页的情况下，Ajax 通过后台加载数据，并在网页上进行显示。结合 JavaScript 定时设定函数，就可以实现网页部分区域数据的实时更新。

原生 JavaScript 也可以实现 Ajax，但需要考虑浏览器的兼容性。而 jQuery 框架内置了这部分功能，用户直接使用 Ajax 方法就可以，简洁、实用。

这里介绍最常用的 Ajax 方法，实现从客户端与服务器端数据传递的 get( ) 和 post( ) 方法。

1）jQuery $.get( ) 方法。jQuery $.get() 方法通过 HTTP GET 请求从服务器上获取数据。使用语法如下：

```
$.get(url,callback);
```

其中，url 是资源所在服务器上的位置；callback 是回调函数，设定当获取数据成功后执行什么方法。

使用 jQuery $.get( ) 方法从服务器上的一个文件中取回数据的示例如下：

```
$("button").click(function(){
    $.get("127.0.0.1/test.php",function(data,status){
        alert("Data: " + data + "\nStatus: " + status);
    });
})
```

2）jQuery $.post( ) 方法。jQuery $.post( ) 方法通过 HTTP POST 请求往服务器上传输数据。使用语法如下：

```
$.post(url,data,callback);
```

其中，url 是资源在服务器上的位置；data 是要传递的数据；callback 是回调函数，表明当服务器端接收数据成功后执行什么方法。

使用 jQuery $.post( ) 方法往服务器上传输数据的示例如下：

```
$("button").click(function(){
    $.post("127.0.0.1/test.php",{data:'hello',}function(re,status){
        alert("Data: " + re + "\nStatus: " + status);
    });
})
```

✎ 说明：

（1）使用 jQuery Ajax 时要先检查服务器端是否已经做好准备，如 get 方法要从服务器端读取数据，需要给定 url 地址参数，callback 函数一般返回 bool 值（正常与否状态）。

（2）两种方法均涉及数据的格式问题，即客户端与服务器端通信时使用什么格式的数据。目前，最常用的是 JSON 格式数据，即键值对。因此在 get 方法中，服务器端要准备好 JSON 格式数据以便传递给客户端，在 post 方法中，客户端要准备好 JSON 格式对象数据传输给服务器端识别。

2. Vue.js 框架

Vue(读音 /vju:/) 是一套用于构建用户界面的渐进式框架，如图 1.11 所示。与其他大型框架不同的是，Vue 设计为可以自底向上逐层应用。Vue 的核心库只关注视图层，不仅易于上手，还便于与第三方库或已有项目整合。另一方面，当与现代化的工具链以及各种支持类库结合使用时，Vue 也完全能够为复杂的单页应用提供驱动。

图 1.11　Vue.js 框架官网导航栏

与 jQuery 库类似，可以在 Vue.js 的官网上直接下载 vue.min.js，并用 <script> 标记引入到 HTML 文档中，或者使用 CDN 方法链接。

Vue.js 的核心是一个允许采用简洁的模板语法来声明式地将数据渲染进 DOM 的系统。

尝试 Vue.js 最简单的方法是使用 JSFiddle 上的 Hello World 例子。

（1）将 HTML 页面写好，在需要数据渲染位置采用 {{data}} 格式给定变量名，在 <script></script> 标记内使用 Vue 的语法给 data 赋具体的值。

如下 HTML 部分：

```
<div id="app">
  {{ message }}
</div>
```

（2）JavaScript 代码部分：el 指示 HTML 元素，data 为该元素的内容。

```
<script>
  var app = new Vue({
    el: '#app',
    data: {
      message: 'Hello Vue!'
    }
  })
</script>
```

3. Node.js 框架

前述 JavaScript 框架都是作用在前端页面的，实际上 JavaScript 的用途已经可以扩展到服务器端。Node.js 就是运行在服务端的 JavaScript 框架。

Node.js 是基于 Chrome JavaScript 运行时建立的一个平台。Node.js 是一个事件驱动输入 / 输出 (I/O) 服务端 JavaScript 环境，基于谷歌 (Google) 的 V8 引擎，V8 引擎执行 JavaScript 的速度非常快，性能良好。

可以直接从 Node.js 官网上下载 node.js 安装到本地电脑，如图 1.12 所示。目前，LTS 最新版本为 10.15.3，只支持 64 位操作系统。

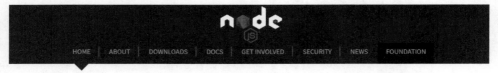

HOME
ABOUT
DOWNLOADS
DOCS
GET INVOLVED
SECURITY
NEWS
FOUNDATION
Node.js® is a JavaScript runtime built on Chrome's V8 JavaScript engine.
New security releases now available for all release lines
Download for Windows (x64)
10.15.3 LTS
Recommended For Most Users
11.11.0 Current
Latest Features
Other Downloads | Changelog | API Docs
Other Downloads | Changelog | API Docs

图 1.12　Node.js 官网首页

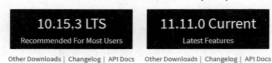

1.5　网站开发工具

"工欲善其事，必先利其器"。好的开发工具毋容置疑会使 Web 前端开发事半功倍。如果是纯粹的页面设计，即前端开发，可以使用网页编辑器工具，如 Notepad++、Sublime Text3、Atom、Visual Studio Code、HbuilderX 等。如果还需要使用服务器语言操作数据，通常还使用一些集中开发环境（IDE）平台，如 Eclipse、Visual Studio、PhpStorm 等。如果考虑移动端开发，还有 Android Studio、Xcode 等。同时随着云计算技术的进步，在线编译平台也陆续出现，如国内腾讯云出品的 Cloud Studio。

1.5.1　网页编辑器

1. Sublime Text 编辑器

Sublime Text 是一款流行的代码编辑器。Sublime Text 具有漂亮的用户界面和强大的功能，例如代码缩略图，Python 的插件、代码段等。还可自定义键绑定、菜单和工具栏。Sublime Text 的主要功能包括拼写检查、书签、完整的 Python API、Goto 功能、即时项目切换、多选择、多窗口等。Sublime Text 是一个跨平台的编辑器，同时支持 Windows、Linux、Mac OS X 等操作系统。其界面如图 1.13 所示。

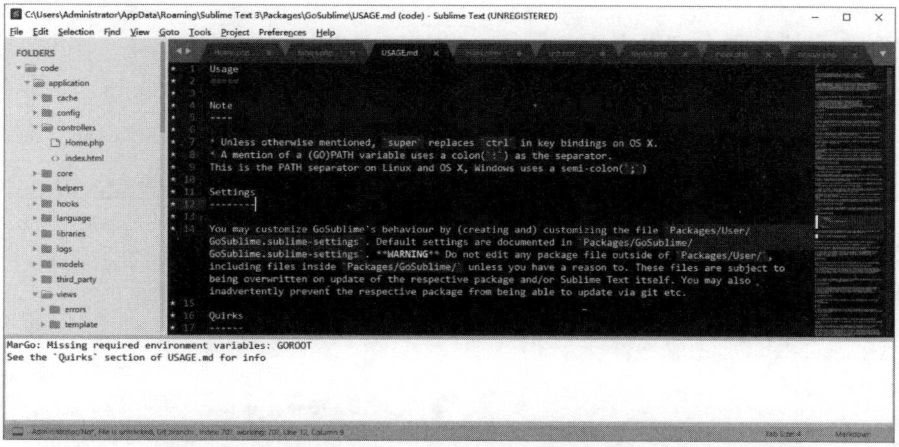

图 1.13　Sublime Text 编辑器页面

2. Notepad++ 编辑器

Notepad++ 是 Windows 操作系统下的一套文本编辑器，有完整的中文化接口和支持多国语言编写的功能 (UTF8 技术)。

Notepad++ 功能比 Windows 中的记事本（Notepad）强大，除了可以用来制作一般的纯文字说明文件外，也十分适合编写计算机程序代码。Notepad++ 不仅有语法高亮度显示，也有语法折叠功能，并且支持宏和扩充基本功能的外挂模组。

1.5.2　IDE 开发平台

对于 Web 开发而言，服务器端常用语言包括 JSP、PHP、ASP 等，同时 Python、node.js 也可以实现服务器端脚本语言编写。因此就 IDE 平台而言，大部分都是综合 IDE，各种语言都支持。如以 Java 语言为主的 Eclipse 平台，也可以支持 PHP 开发。而 ASP.net 为微软发布的脚本语言，因此其平台主要为 Visual Studio。

本书主要介绍 PHP 语言开发，有关 PHP 开发的 IDE 也有很多，PHPDesigner、PHPStorm、ZendStudio 都是功能强大的 IDE 平台，优点很多，但都是收费产品，用户需要付费才能正常使用。

Cloud Studio 是腾讯云端工作站，它是一个基于浏览器的集成开发环境（IDE），开发者可以在 Cloud Studio 中创建工作空间来存放自己的项目代码，安装所需要的环境，以及运行、编译自己的项目。

1.5.3　网页调试工具

网站开发者的一大苦恼就是所开发的网站网页要适应大部分主流浏览器，这就要用到网页调试工具。主流的网页调试工具有 Chrome 自带的元素审查工具、Firebug、Internet Explorer(IE) 开发者工具。

大多数浏览器都自带有开发者工具模块，在打开网页时，按下 F12 键，在浏览器页面下方或右方显示出开发者工具选项，如图 1.14 所示。其主要功能包括：Elements，显示所有可视的 HTML 元素；Console，开发者控制台；Sources，显示网站源代码文件；Network，显示网站加载各个 HTML 文件的状态；Application，查看使用本地缓存、session 等状态。

图 1.14　网页开发者工具选项

1.5.4　网站代码托管仓库

gitHub 是一个面向开源及私有软件项目的托管平台，因为只支持 git 格式作为唯一的版本库格式进行托管，故名为 gitHub。gitHub 网站主界面如图 1.15 所示。

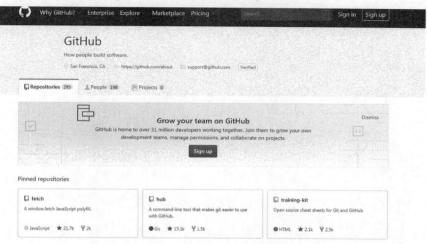

图 1.15　gitHub 网站主界面

gitHub 于 2008 年 4 月 10 日正式上线，除了 git 代码仓库托管及基本的 Web 管理界面以外，还提供了订阅、讨论组、文本渲染、在线文件编辑器、协作图谱（报表）、代码片段分享（Gist）等功能。目前，其注册用户已经超过 350 万，托管版本数量也是非常之多，其中不乏知名开源项目 Ruby on Rails、jQuery、python 等。GitHub for Windows 是一个 Metro 风格应用程序，集成了自包含版本的 Git，bash 命令行 shell，PowerShell 的 posh-git 扩展。GitHub 为 Windows 用户提供了一个基本的图形前端去处理大部分常用版本控制任务，可以创建版本库，向本地版本库递交补丁，在本地和远程版本库之间同步。

第 2 章　数据库技术

数据是一个网站系统的核心，有了数据，整个网站才能"活"起来。在了解了网页设计基本技术之后，本章将对数据库相关知识及 MySQL 数据库的操作应用进行介绍。

2.1　数据库基础

2.1.1　数据库

数据库就是存放数据的仓库，数据库管理就是使用专门的系统软件对数据进行统一管理，实现数据共享，并保证数据的安全、完整。

数据库通常包括以下两部分内容：

（1）数据　按一定的数据模型组织并实际存储的所有应用需要数据。

（2）元数据　存放在数据字典中的各种描述信息，包括所有数据的结构名、存储格式、完整性约束、使用权限等信息。

数据库管理系统功能包括以下几方面：

（1）数据定义功能　使用数据定义语言来对数据库中的相关内容进行定义，如对数据库、表、索引等进行定义。

（2）数据操纵功能　通过数据操纵语言实现对数据库的基本操作，如对表中的数据进行查询、插入、删除和修改等操作。

（3）数据库的运行管理　包括并发控制、安全性检查、完整性约束条件的检查和执行、数据库的内部维护等。

（4）数据库的建立和维护　包括数据库数据的输入、转换，数据库的转储、恢复，数据库的重新组织、性能监视和分析功能等。

2.1.2　数据模型

数据模型是对客观事物及其联系的数据描述，是对数据库中数据逻辑结构的描述，把信息世界数据抽象为机器世界数据。每个数据库管理系统都是基于某个数据模型的。在目前数据库领域中，常用的数据模型有层次模型、网状模型和关系模型三种。

1. 层次数据模型

定义：层次数据模型是用树状＜层次＞结构来组织数据的数据模型。

其实层次数据模型用图形表示就是一棵倒立生长的树，由基本数据结构中的树（或者二叉树）的定义可知，每棵树都有且仅有一个根节点，其余的节点都是非根节点。每个节点表示一个记录类型对应于实体的概念，记录类型的各个字段对应实体的各个属性。各个记录类型及其字段都必须记录。

特征：树的性质决定了树状数据模型的特征。整个模型中有且仅有一个节点没有父节点，其余的节点必须有且仅有一个父节点，但是所有的节点都可以不存在子节点；所有的子节点不能脱离父节点而单独存在，也就是说如果要删除父节点，那么父节点下面的所有子节点都要同时删除，但是可以单独删除一些叶子节点；每个记录类型有且仅有一条从父节点通向自身的路径。

2. 网状数据模型

定义：用有向图表示实体和实体之间的联系的数据结构模型称为网状数据模型。

其实，网状数据模型可以看作是放松层次数据模型的约束性的一种扩展。网状数据模型中所有的节点允许脱离父节点而存在，也就是说在整个模型中允许存在两个或多个没有根节点的节点，同时也允许一个节点存在一个或者多个的父节点，成为一种网状的有向图。因此节点之间的对应关系不再是 1:n，而是一种 m:n 的关系，从而克服了层次状数据模型的缺点。

特征：可以存在两个或者多个节点没有父节点；允许单个节点存在多于一个父节点。

网状数据模型中的每个节点表示一个实体，节点之间的有向线段表示实体之间的联系。网状数据模型中需要为每个联系指定对应的名称。

3. 关系型数据模型

关系型数据模型对应的数据库自然就是关系型数据库了，这是目前应用最多的数据库。

定义：使用表格表示实体和实体之间关系的数据模型称为关系型数据模型。

关系型数据库是目前最流行的数据库，同时也是被普遍使用的数据库，如 MySQL 就是一种流行的数据库。支持关系数据模型的数据库管理系统称为关系型数据库管理系统。

特征：关系数据模型中，无论是实体、还是实体之间的联系都是被映射成统一的关系——一张二维表，在关系模型中，操作的对象和结果都是一张二维表；关系型数据库可用于表示实体之间的多对多的关系，只是此时要借助第三个关系——表，来实现多对多的关系，如学生选课系统中学生和课程之间为多对多的关系，那么需要借助第三个表，也就是选课表将二者联系起来。关系必须是规范化的，即每个属性是不可分割的实体，不允许表中表的存在。

2.1.3　关系数据库

1. 关系模型

关系型数据库，是指采用了关系模型来组织数据的数据库。关系模型是在 1970 年由 IBM 的研究员 E.F.Codd 博士首先提出的，在之后的几十年中，关系模型的概念得到了充分的发展并逐渐成为主流数据库结构的主流模型。

简单来说，关系模型就是二维表格模型，而一个关系型数据库就是由二维表及其之间的联系所组成的一个数据组织。

关系模型中常用的概念如下。

关系：可以理解为一张二维表，每个关系都具有一个关系名，就是通常说的表名。

元组：可以理解为二维表中的一行，在数据库中经常称为记录。

属性:可以理解为二维表中的一列,在数据库中经常称为字段。

域:属性的取值范围,也就是数据库中某一列的取值限制。

关键字:一组可以唯一标识元组的属性,数据库中常称为主键,由一个或多个列组成。

关系模式:是指对关系的描述。其格式为关系名 (属性 1,属性 2,……,属性 *N*),在数据库中成为表结构。

例如,表 2.1 为一张学生信息二维表。

表 2.1　学生信息二维表

学生编号	姓名	性别	年龄	籍贯	总分
2018201301	张三	男	20	四川	520
2018201302	李娜	女	35	辽宁	505
2018201306	曹智峰	男	26	天津	580

表 2.1 中每一行就是一条学生记录,是关系的一个元组。学生编号、姓名、性别、年龄、籍贯、总分都属于属性名。其中学生编号是唯一识别一条记录的属性,是此表的关键字。对于"性别"这一属性,域就是取值范围,域只能取男或者女;对于"籍贯"属性,域就是中国所有省份和直辖市。

学生信息表的关系模式可以记为学生信息表(学生编号,姓名,性别,年龄,籍贯,总分)。

2. 关系操作集合

关系数据库中的核心内容是关系,即二维表。而对这样一张表的使用主要包括按照某些条件获取相应行、列的内容,或者通过表之间的联系获取两张表或多张表相应的行、列内容。概括起来,关系操作包括选择(Selection)、投影(Projection)、连接(Join)操作。关系操作其操作对象是关系,操作结果也为关系。

(1)选择操作　是指在关系中选择满足某些条件的元组(行)。

(2)投影操作　是在关系中选择若干属性列组成新的关系。投影之后不仅取消了原关系中的某些列,而且还可能取消某些元组,这是因为取消了某些属性列后,可能出现重复的行,应该取消这些完全相同的行。

(3)连接操作　是将不同的两个关系连接成为一个关系。对两个关系的连接其结果是一个包含原关系所有列的新关系。新关系中属性的名字是原有关系属性名加上原有关系名作为前缀。这种命名方法保证了新关系中属性名的唯一性,尽管原有不同关系中的属性可能是同名的。新关系中的元组是通过连接原有关系的元组而得到的。

关系模型中常用的关系操作集合包括查询操作和更新操作两大部分。

关系的查询表达能力很强,是关系操作中最主要的部分。查询操作可以分为选择、投影、连接、除、并、差、交、笛卡尔积等。其中,选择、投影、并、差、笛卡尔积是五种基本操作。

更新操作包括增加(Insert)、删除(Delete)、修改(Update)。

3. 主流关系数据库

目前，主流的关系数据库主要分为：

（1）商用数据库　例如，Oracle、SQL Server、DB2 等。

（2）开源数据库　例如，MySQL、PostgreSQL 等。

（3）桌面数据库　以微软 ACCESS 为代表，适合桌面应用程序使用。

（4）嵌入式数据库　以 Sqlite 为代表，适合手机应用和桌面程序。

2.1.4　SQL 语言

1. SQL 简介

结构化查询语言 (Structured Query Language，SQL) 是一种数据库查询和程序设计语言，用于存取数据、查询、更新和管理关系数据库系统。SQL 可与数据库程序协同工作，比如 MS ACCESS、DB2、MySQL、SQL Server、Oracle、SyBase，以及其他数据库系统。

其主要功能包括：

● SQL 面向数据库执行查询

● SQL 可从数据库取回数据

● SQL 可在数据库中插入新的记录

● SQL 可更新数据库中的数据

● SQL 可从数据库删除记录

● SQL 可创建新数据库

● SQL 可在数据库中创建新表

● SQL 可在数据库中创建存储过程

● SQL 可在数据库中创建视图

● SQL 可以设置表、存储过程和视图的权限

2. SQL 语法

一个数据库通常包含一个表或多个表。每个表有一个名字标识（如"客户"或者"订单"）。表包含带有数据的记录（行）。

表 2.2 是一个名为 "Persons" 的数据库表。

表 2.2　Persons 数据库表

Id	LastName	FirstName	Address	City
1	Adams	John	Oxford Street	London
2	Bush	George	Fifth Avenue	New York
3	Carter	Thomas	Changan Street	Beijing

上面的表包含三条记录（每一条对应一个人）和五个列（Id、姓、名、地址和城市）。

可以把 SQL 语言分为数据操作语言 (DML) 和数据定义语言 (DDL) 两部分。SQL（结构化查询语言）是用于执行查询的语法。但是，SQL 语言也包含用于更新、插入和删除记录的语法。

SQL 的 DML 部分为查询和更新指令，包括：

- SELECT——从数据库表中获取数据
- UPDATE——更新数据库表中的数据
- DELETE——从数据库表中删除数据
- INSERT INTO——向数据库表中插入数据

SQL 的数据定义语言 (DDL) 部分用于创建或删除表格，也可以定义索引（键），规定表之间的链接，以及添加表间的约束。

SQL 中最重要的 DDL 语句如下：

- CREATE DATABASE——创建新数据库
- ALTER DATABASE——修改数据库
- CREATE TABLE——创建新表
- ALTER TABLE——变更（改变）数据库表
- DROP TABLE——删除表
- CREATE INDEX——创建索引（搜索键）
- DROP INDEX——删除索引

下面从数据库设计的基本操作流程开始介绍基本的 SQL 语法。

（1）创建一个数据库　在设计数据库系统时，首先要创建数据库名，基本语法如下：

```
CREATE DATABASE database_name
```

例如，要创建一个 **my_db** 的数据库，就可以写为

```
create database my_db
```

注意：SQL 语句对大小写不敏感，也就是不强制使用大写。

（2）创建数据库表　有了数据库名后，就可以在里面创建相关的数据表，建立关系模型。其基本语法如下：

```
CREATE TABLE 表名称
(
    列名称1 数据类型，
    列名称2 数据类型，
    列名称3 数据类型，
    ....
)
```

数据类型（data_type）规定了列可容纳何种数据类型。表 2.3 包含了 SQL 中最常用的数据类型。

表2.3　创建数据库表时常用的数据类型

数据类型	定义方式	描述
整型	integer(size) int(size) smallint(size) tinyint(size)	仅容纳整数。在括号内规定数字的最大位数
实型	decimal(size,d) numeric(size,d) float double	容纳带有小数的数字。"size" 规定数字的最大位数，"d" 规定小数点右侧的最大位数
字符型	char(size)	容纳固定长度的字符串（可容纳字母、数字和特殊字符）。在括号中规定字符串的长度
	varchar(size)	容纳可变长度的字符串（可容纳字母、数字和特殊的字符）。在括号中规定字符串的最大长度
	text	长文本
日期型	date(yyyymmdd)	容纳日期
布尔型	boolean	1 或 0。1 代表"真";0 代表"假"

例如:在 my_db 中要创建一个 Persons 的表，写法如下:

```
CREATE TABLE Persons
(
    Id int,
    LastName varchar(255),
    FirstName varchar(255),
    Address varchar(255),
    City varchar(255),
    Primary Key(Id)
)
```

◀))注意

由于一张表里有且只能有一个主键，因此需要在语句中添加 Primary Key(Id) 指定 Id 属性为主键。

（3）插入记录　SQL INSERT INTO 语句:SQL INSERT INTO 语句用于向表格中插入新的行。其基本语法为:

```
INSERT INTO 表名称 VALUES (值1, 值2, …)
```

如给 Persons 数据表中增加一条记录，就可以写为

```
insert into Person values(5, "Peter", "Cao", "Tianjin No.100", "Tianjin")
```

（4）修改记录　**SQL Update 语句**：SQL Update 语句用于修改表中的数据。基本语法为

```
UPDATE 表名称 SET 列名称 = 新值 WHERE 列名称 = 某值
```

如从表 2.2 中更新 FirstName 为 John 的住址信息，可以写为

```
update Person SET Address = "Tianjin" WHERE FirstName = "John"
```

SQL Delete 语句：用于删除表中的数据，可以删除某一条数据，删除操作需要指定删除位置，因此一般会加入 Where 语句，基本语法为

```
DELETE FROM 表名称 WHERE 列名称 = 值
```

如将表 2.2 中 FirstName 为 John 的记录删除，就可以写为

```
delete from Person where FirstName="John"
```

（5）查询信息　**SQL SELECT 语句**：从数据库表中选择查询数据，结果存储在一个结果表中（称为结果集）。其基本语法为

```
Select 列属性 from 数据库表, 或者 select * from 数据库表
```

如需有条件地从表中选取数据，添加 WHERE 子句到 SELECT 语句后，基本语法为

```
select * from 数据表名 where 条件
```

如从表 2.2 中查询 FirstName 为 John 的所有信息，可以写为

```
select * from Person where FirstName="John"
```

如果要查询 John 的某条信息，如其地址，则写为

```
select Address from Person where FirstName="John"
```

如需有条件地从表中选取数据，并且还需要对结果进行排序，除了添加 WHERE 子句到 SELECT 语句后外，还要使用 Order by 语句，排序时默认升序排列，基本语法为

```
select * from 数据表名 where 条件 order by 列属性
```

SQL 语句对于大小写不敏感，也就是说相关命令语句可以大写，也可以小写。

2.2　MySQL 数据库

2.2.1　MySQL 简介

MySQL 是一个关系型数据库管理语言，由瑞典 MySQL AB 公司开发，目前属于 Oracle 旗下产品。MySQL 是最流行的关系型数据库管理语言之一，在 Web 应用方面，MySQL 是最好的

关系数据库管理系统 (Relational Database Management System，RDBMS) 应用软件。由于 MySQL 是一种关系数据库管理系统，关系数据库将数据保存在不同的表中，而不是将所有数据放在一个大仓库内，因此就提高了速度并增加了灵活度。

　　MySQL 所使用的 SQL 语言是用于访问数据库的最常用标准化语言。MySQL 软件采用了双授权政策，分为社区版和商业版，由于其体积小、速度快、总体拥有成本低，尤其是开放源代码这一特点，因此一般中小型网站的开发都选择 MySQL 作为网站数据库。

　　MySQL 可以运行于多个系统上，并且支持多种语言。这些编程语言包括 C、C++、Python、Java、Perl、PHP、Eiffel、Ruby 等。MySQL 支持大型数据库，支持 5000 万条记录的数据仓库，32 位系统表文件最大可支持 4 GB，64 位系统支持最大的表文件为 8 TB。

　　有关 MySQL 产品的详情，可访问其官网 (图 2.1)。

图 2.1　MySQL 官网首页

扫一扫，看微课

2.2.2　MySQL 安装与配置

　　对于不同的操作系统，MySQL 提供了相应的版本。如 Windows 版本、Linux 版本、Mac 版本等，均可以从其官网上下载。

　　MySQL 数据库按照用户分为社区版（Community）和企业版（Enterprise）。社区版可以自由下载而且完全免费，但是官方不提供任何技术支持，适用于大多数普通客户。企业版则需付费下载，同时可获取完备的技术支持。对于初学者或者普通用户而言，社区版是最佳选择。

1. Windows 环境

　　以 Windows 版本为例，单击官网导航栏的 Downloads 菜单，选择 MySQL Community Server，页面如图 2.2 所示。

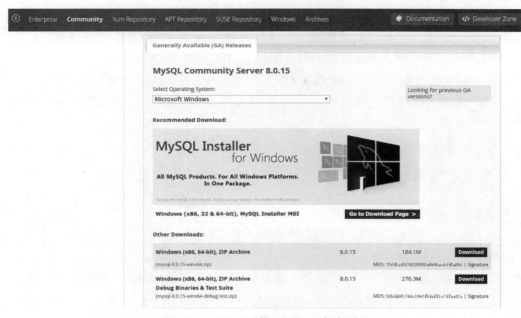

图 2.2　MySQL 下载 Windows 版本页面

可以根据自己的 Windows 版本选择合适的版本下载（图 2.3）。选择第一个压缩包解压到本地磁盘位置即可。

图 2.3　MySQL 开始下载页面

这里选择 5.7.26–win32 版本下载演示安装过程。下载完后将压缩包解压到相应的目录，这里将解压后的文件夹放在 C:\mysql\mysql–5.7.25–win32 下。

接下来需要配置下 MySQL 的配置文件：打开刚刚解压的文件夹 C:\mysql\mysql–5.7.25–win32，在该文件夹下创建 my.ini 配置文件，编辑 my.ini 配置以下基本信息：

```
[mysql]
default-character-set=utf8                    // 设置 mysql 客户端默认字符集
[mysqld]
port = 3306                                   // 设置 3306 端口
basedir=C:\\mysql\\mysql-5.7.25-win32         // 设置 mysql 的安装目录
# datadir=C:\\mysql\\sqldata                  // 设置 mysql 数据库的数据的存放目录，
                                                 MySQL 8+ 不需要以下配置，系统自己生
                                                 成即可，否则有可能报错

max_connections=20                           // 允许最大连接数
character-set-server=utf8                     // 服务端使用的字符集默认为 8 比特编码的
                                                 latin1 字符集

default-storage-engine=INNODB                // 创建新表时将使用的默认存储引擎
```

然后就可以启动 MySQL 数据库。以管理员身份打开 cmd 命令提示符工具，切换目录为

```
cd C:\mysql\ mysql-5.7.25-win32\bin
```

初始化数据库：

```
mysqld --initialize --console
```

执行完成后，会输出 root 用户的初始默认密码，如：

```
...
2019-03-09T02:35:05.464644Z 5 [NoteA] [MY-010454] [Server] A temporary
password is generated for root@localhost: APWCY5ws&hjQ
...
```

APWCY5ws&hjQ 就是初始密码，后续登录需要用到，也可以在登录后修改密码。

输入以下安装命令：

```
mysqld install
```

启动时输入以下命令即可（图 2.4）：

```
net start mysql
```

```
C:\mysql\mysql-5.7.25-win32\bin>net start mysql
MySQL 服务正在启动 ..
MySQL 服务已经启动成功。
```

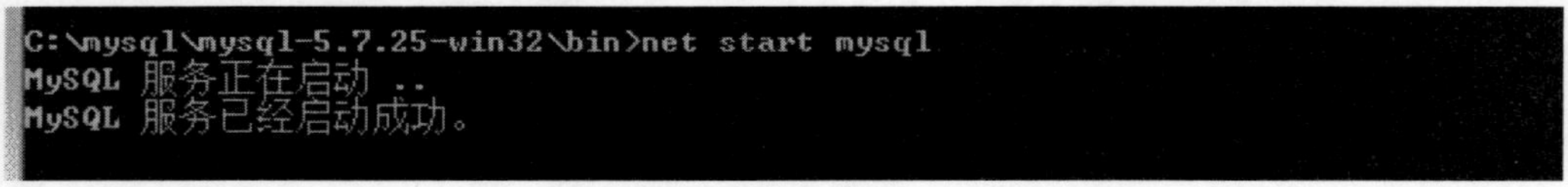

图 2.4 MySQL 安装服务启动

当 MySQL 服务已经运行时，可以通过 MySQL 自带的客户端工具登录到 MySQL 数据库中，

首先打开命令提示符, 输入以下格式的命名:

```
mysql -h 主机名 -u 用户名 -p
```

参数说明:

–h: 指定客户端所要登录的 MySQL 主机名, 登录本机 (localhost 或 127.0.0.1) 该参数可以省略;

–u: 登录的用户名;

–p: 告诉服务器将会使用一个密码来登录, 如果所要登录的用户名密码为空, 可以忽略此选项。

如果要登录本机的 MySQL 数据库, 只需要输入以下命令即可:

```
mysql -u root -p
```

按 Enter 键确认, 如果安装正确且 MySQL 正在运行, 会得到以下响应:

```
Enter password:
```

若密码存在, 输入密码登录, 不存在则直接按 Enter 键登录。登录成功后将会看到 Welcome to the MySQL monitor 的提示语, 如图 2.5 所示。

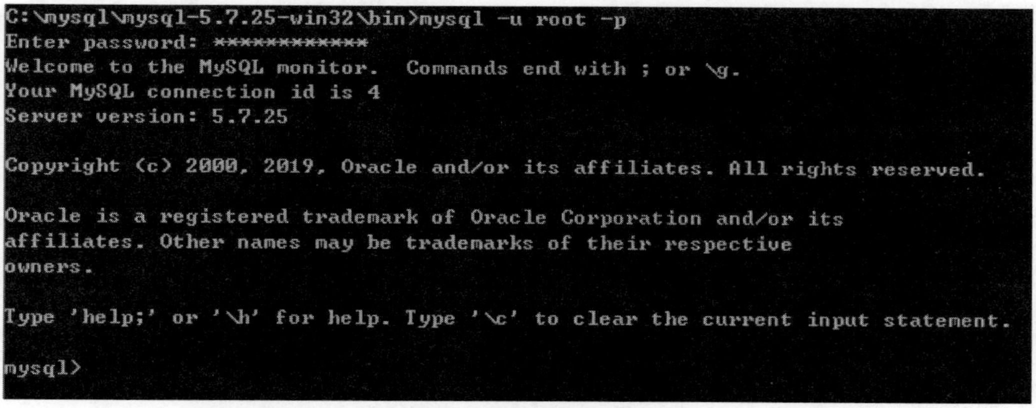

图 2.5　登录 MySQL 页面

命令提示符会一直以 mysql> 加一个闪烁的光标等待命令的输入, 这样就可以使用 SQL 语句进行数据库的操作了。也可以输入 "exit" 或 "quit" 退出登录。

如果不想每次都要 cd 到 mysql 的 bin 目录下, 可以配置环境变量, cmd 命令执行 mysql 指令的时候会去环境变量里面找对应的路径。

右键单击 "我的电脑" –> "属性" –> "高级系统设置" –> "环境变量" –> path –> "编辑", 将下载解压的 mysql 的 bin 目录的全路径放在里面:C:\mysql\mysql–5.7.25\bin; 如有多个, 则用分号隔开。

2. Linux 环境

要在 Linux 上安装 MySQL, 可以使用发行版的包管理器。例如, Debian 和 Ubuntu 用户可

以简单地通过命令 apt-get install mysql-server 安装最新的 MySQL 版本，即

```
[root@host]# apt-get install mysql-server
```

注意，如果是 Centos7 系统，该系统已经将 MySQL 数据库软件从默认的程序列表中删除，用 MariaDB 代替了。MariaDB 数据库管理系统是 MySQL 的一个分支，主要由开源社区在维护，采用 GPL 授权许可。MariaDB 完全兼容 MySQL，包括 API 和命令行，可作为 MySQL 的代替品。其安装方法为

```
[root@host]# yum install mariadb-server mariadb
```

2.2.3 MySQL 基本操作

扫一扫，看微课

MySQL 属于一种数据库系统软件，其基本思想基于关系数据库模型及相关概念。因此在操作部分大多数使用的就是 SQL 语句。

1. 启动 MySQL 服务

使用 Windows 自带的 CMD 命令窗口进入 mysql 文件夹 bin 目录下，在命令行窗口输入 "net start mysql" 指令即可启动 MySQL 服务，如图 2.4 所示。同理，如果输入 "net stop mysql" 指令，可以关闭 MySQL 服务。

在使用 root 登录时，如果不修改密码，输入任何指令系统都会有提示 (图 2.6)。

```
mysql> status
ERROR 1820 (HY000): You must reset your password using ALTER USER statement befo
re executing this statement.
mysql> ALTER USER
    -> ^C
mysql> use mysql
ERROR 1820 (HY000): You must reset your password using ALTER USER statement befo
re executing this statement.
```

图 2.6　提示修改用户密码信息

因此需要修改初始登录密码。使用 SET PASSWORD 、ALTER USER 、FLUSH PRIVILEGES 等命令，可参照图 2.7 所示命令。

```
mysql> SET PASSWORD=PASSWORD('12345');
Query OK, 0 rows affected, 1 warning (0.00 sec)

mysql> ALTER USER 'root'@'localhost' PASSWORD EXPIRE NEVER;
Query OK, 0 rows affected (0.00 sec)

mysql> FLUSH PRIVILEGES;
Query OK, 0 rows affected (0.00 sec)

mysql> quit
Bye
```

图 2.7　修改 root 用户初始登录密码示例

2. MySQL 数据库常用操作

（1）创建数据库。

```
create database 数据库名；
```

（2）查看数据库。

```
show databases；
```

（3）选择指定数据库。

```
use 数据库名；
```

（4）删除数据库。

```
drop database 数据库名；
```

【例 1】创建数据库为 mydb，然后查看已有数据库（图 2.8）。

图 2.8　创建数据库 mydb 示例

3. MySQL 数据库常用操作

（1）创建表。

```
create table 表名（字段名 1  字段类型主键自动编号，字段名 2  字段类型…）
通常在建表时将第一个字段设置为字段 ID，主键，非空，而且自动编号。
```

（2）查看数据库中的表。

```
show tables；
```

（3）查看数据表结构。

```
describe 表名；
```

【例 2】在 mydb 数据库中创建 user 用户表（图 2.9），字段及类型包括 ID（主键，自动编号），username（文本类型），age（整型），salary（浮点型）。

```
Database changed
mysql> create table user(id int primary key auto_increment,name varchar(100),age int,salary double);
Query OK, 0 rows affected (0.42 sec)

mysql> show tables;
+------------------+
| Tables_in_mydb   |
+------------------+
| user             |
+------------------+
1 row in set (0.05 sec)

mysql> describe user
    -> ;
+--------+--------------+------+-----+---------+----------------+
| Field  | Type         | Null | Key | Default | Extra          |
+--------+--------------+------+-----+---------+----------------+
| id     | int(11)      | NO   | PRI | NULL    | auto_increment |
| name   | varchar(100) | YES  |     | NULL    |                |
| age    | int(11)      | YES  |     | NULL    |                |
| salary | double       | YES  |     | NULL    |                |
+--------+--------------+------+-----+---------+----------------+
4 rows in set (0.35 sec)
```

图 2.9　在 mydb 数据库中创建数据表 user

（4）添加表数据记录。

insert into 表名 values（值 1，值 2，...）（自增长的列应写 null）

【例 3】在 user 表中增加两条记录，每一条记录中的字段对应一个属性值（图 2.10）。

```
mysql> insert into user values(null,'petercao',40,7000);
Query OK, 1 row affected (0.38 sec)

mysql> insert into user values(null,'topher',21,6000);
Query OK, 1 row affected (0.00 sec)
```

图 2.10　往数据表 user 中增加两条记录

（5）更新表数据。

update 表名 set 字段 1=值 1 where 查询条件

若无查询条件，表中所有数据行都会被修改。

【例 4】修改姓名为 topher 的记录，将其年龄修改为 15（图 2.11）。

```
mysql> update user set age=15 where name='topher';
Query OK, 1 row affected (0.00 sec)
Rows matched: 1  Changed: 1  Warnings: 0
```

图 2.11　修改 user 表中的记录

（6）删除表数据。

delete from 表名 where 查询条件

若无查询条件，表中所有数据行都会被删除。

【例 5】删除姓名为 topher 的记录（图 2.12）。

```
mysql> delete from user where name='topher';
Query OK, 1 row affected (0.00 sec)
```

图 2.12　删除 user 表中的记录

（7）查询表数据　查询表数据是数据库操作中最常用的操作，包括查询所有记录、按条件查询记录、查询时按条件排序等。

按条件查询记录，语法如下：

```
select * from 表名
where 列1=值1 [ and 列2=值2 或者 or 列2=值2]      // 单条件或多条件
    [order by 列2]                               // 对结果按条件排序
    [limit offset, number]                       // 查看多少记录
```

在查询操作时使用到"列字段名 = 值"，这里的"="不是赋值符号，而是判断是否相等。对于非文本型的值来说，直接使用"="非常简便，但对于文本型数据而言，还需要经常使用 LIKE %，即进行相似性判断，可以改善搜索范围的局限性。

例如，在书表中查询以 java 字段开头的信息。

```
SELECT * FROM books WHERE name LIKE 'java%';
```

【例 6】对 user 数据表的数据进行查询 (图 2.13)。

```
mysql> select * from user ;
+----+----------+-----+--------+
| id | name     | age | salary |
+----+----------+-----+--------+
| 1  | petercao | 40  | 7000   |
| 3  | sophie   | 18  | 6600   |
| 4  | smile    | 35  | 9600   |
| 5  | Yami     | 32  | 8600   |
+----+----------+-----+--------+
4 rows in set (0.00 sec)
```

图 2.13　查询 user 表中所有记录

对查询结果按某种方式排序，默认值为升序，ASC，降序时加上 DESC。

```
select * from 表名 where 列1=值1 order by 列2
```

【例 7】对 user 数据表的数据进行查询，并按 salary 排序 (图 2.14)。

```
mysql> select * from user order by salary;
+----+----------+-----+--------+
| id | name     | age | salary |
+----+----------+-----+--------+
| 3  | sophie   | 18  | 6600   |
| 1  | petercao | 40  | 7000   |
| 5  | Yami     | 32  | 8600   |
| 4  | smile    | 35  | 9600   |
+----+----------+-----+--------+
4 rows in set (0.00 sec)
```

图 2.14　按 salary 排序查询 user 表

还可以限制查询记录数。

```
select * from 表名 limit[start] length
```

其中，start 表示从第几行记录开始输出，0 表示第 1。

【例 8】对 user 数据表的数据进行查询，查询薪水最高的人 (图 2.15)。

```
mysql> select * from user order by salary desc limit 0,1;
+----+-------+------+--------+
| id | name  | age  | salary |
+----+-------+------+--------+
|  4 | smile |   35 |   9600 |
+----+-------+------+--------+
1 row in set (0.02 sec)
```

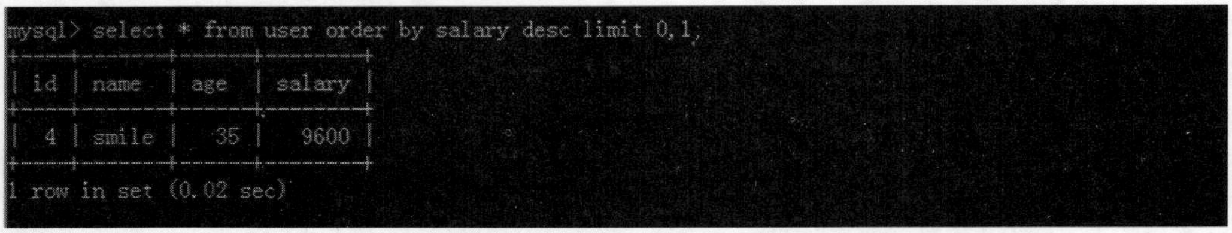

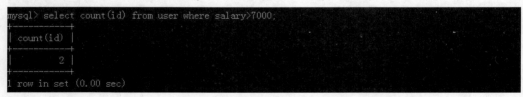

图 2.15　查询 user 数据表中 salary 最高的人

（8）查询表数据统计运算　可以使用 COUNT、SUM、AVG 等函数，实现对结果的统计分析后输出。

具体语法如下：

```
SELECT column_name, function(column_name) FROM table_name
   WHERE column_name operator value
```

在统计分析时有时候还需要使用 GROUP BY 分组语句，即先对结果按照一定规则分组，然后在分组的基础上再进行相应的统计预算。

```
SELECT column_name, function(column_name) FROM table_name
   WHERE column_name operator value GROUP BY column_name
```

【例 9】统计 user 数据表中 salaray 大于 7 000 的人数 (图 2.16)。

```
mysql> select count(id) from user where salary>7000;
+-----------+
| count(id) |
+-----------+
|         2 |
+-----------+
1 row in set (0.00 sec)
```

图 2.16　查询 user 数据表中 salary 大于 7 000 的人数

【例 10】统计 user 数据表中所有人的平均 salary（图 2.17)。

```
mysql> select AVG(salary) from user ;
+-------------+
| AVG(salary) |
+-------------+
|        7950 |
+-------------+
1 row in set (0.00 sec)
```

图 2.17　统计所有人平均 salary

（9）数据库的备份与恢复　备份文件前，需要先将 MySQL 服务停止，然后将数据库目录备份即可。

恢复数据库时，需要先创建好一个数据库（不一定同名），然后将备份出来的文件（注意，不是目录）复制到对应的 MySQL 数据库目录中。

使用这一方法备份和恢复数据库时，需要新旧 MySQL 版本一致，否则可能会出现错误。

备份数据库：

```
mysqldump -u[user] -p[root 密码] -lock-all-tables 数据库名 > 备份文件 .sql
```

恢复数据库：

```
mysql -u root -password=root 密码数据库名 < 备份文件 .sql
```

2.3　图形化数据库管理

从上述 mysql 软件中使用 SQL 语句在 Windows 环境命令行下进行相关操作时会感觉不方便，很容易出错。有许多数据库都推出了图形化界面来管理数据库，使得数据库管理效率大为提高。

2.3.1　Navicat 数据库管理

Navicat 是一套快速、可靠并收费的数据库管理工具，专为简化数据库的管理及降低系统管理成本而设。它的设计符合数据库管理员、开发人员及中小企业的需要。Navicat 具有直觉化的图形用户界面，让用户可以以安全且简单的方式创建、组织、访问并共用信息。

Navicat 提供多达 7 种语言供客户选择，被公认为全球最受欢迎的数据库前端用户界面工具之一。它可以用来对本机或远程的 MySQL、SQL Server、SQLite、Oracle、MongoDB 和 PostgreSQL 数据库进行管理和开发。

Navicat 的功能足以符合专业开发人员的所有需求，对数据库服务器的新手来说又相当容易学习。

Navicat 适用于 Microsoft Windows、Mac OS X 和 Linux 三种平台。它可以让用户连接到任何本机或远程服务器、提供一些实用的数据库工具，如数据模型、数据传输、数据同步、结构同步、导入、导出、备份、还原、报表创建工具和计划，以协助管理数据。

Navicat for MySQL 是管理和开发 MySQL 或 MariaDB 的理想解决方案。它是一套单一的应用程序，能同时连接 MySQL 和 MariaDB 数据库，并与 Amazon RDS、Amazon Aurora、Oracle Cloud、Microsoft Azure、阿里云、腾讯云和华为云等云数据库兼容。这套全面的前端工具为数据库管理、开发和维护提供了一款直观而强大的图形界面 (图 2.18)。

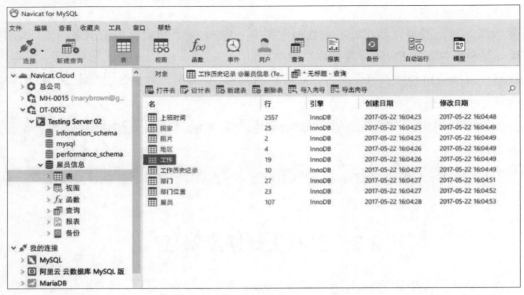

图 2.18　Navacat for MySQL 软件界面

2.3.2　phpMyAdmin 数据库管理

扫一扫，看微课

1. phpMyAdmin 简介

phpMyAdmin 是一个以 PHP 语言编写的，以 Web–Base 方式架构在网站主机上的 MySQL 数据库管理工具，让管理者可用 Web 接口管理 MySQL 数据库。因此 Web 接口可以成为一个以简易方式输入繁杂 SQL 语法的较佳途径，尤其在处理大量资料的汇入及汇出时。其中一个优势在于，phpMyAdmin 跟其他 PHP 程序一样在网页服务器上执行，即用网页浏览器打开软件界面，实现远端管理 MySQL 数据库，方便建立、修改、删除数据库和资料表。而且 phpMyAdmin 是免费开放源代码的，无需付费就可以使用。

如果要单独下载安装 phpMyAdmin，可以去官网下载 (图 2.19)。

图 2.19　phpMyAdmin 官网首页

2. phpMyAdmin 安装

由于 phpMyAdmin 依赖于浏览器运行，需要搭建本地虚拟服务器环境。通常由 php、phpMyAdmin 和 Apache 或 Nginx 组合在一起构成基于 php 的集成服务器环境。这几款软件都是免费开放源代码的，可以直接从其官网下载后分别安装、配置然后使用。也可以采用已有的将这三者集成在一起的集成环境包，方便快捷，让用户可以直接专注于程序开发。

在 Windows 环境中最流行的集成环境包括 Wampserver、phpStudy、phpNow、XAMPP 等，这几款软件各有特点，也都包括 PHP 语言、Apache 服务器、phpMyAdmin 及相关的扩展应用模块。

这里以 phpStudy 为例，说明安装和配置过程。

在浏览器地址栏输入 "http://phpstudy.php.cn/"，进入 phpStudy 官网首页。单击立即下载，将其解压安装到磁盘位置即可。双击安装文件夹下的 phpStudy 应用图标，单击 "启动" 即可启动集成服务环境 (图 2.20)。

图 2.20　phpStudy 启动服务控制面板

在浏览器地址栏输入 "127.0.0.1"，如果页面出现 "Hello World" 字样，说明启动成功 (图 2.21)。

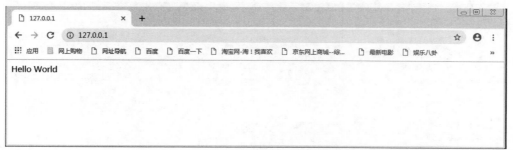

图 2.21　测试本地服务器

修改地址栏为 "127.0.0.1/phpmyadmin"，就会弹出 phpMyAdmin 登录页面。输入用户名和密码，默认用户名为 root，密码为 root，单击 "执行" 后弹出如图 2.22 所示的界面。

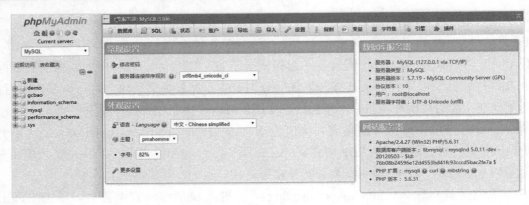

图 2.22　phpMyAdmin 首页

2.3.3　phpMyAdmin 图形化管理实践

扫一扫，看微课

下面以建立 mydb 数据库为例，进行 phpMyAdmin 数据库管理应用示范。

1. 新建数据库 mydb

单击"新建"按钮，在右侧面板出现新建窗口，输入"mydb"，设置排序规则为 utf8_general_ci，单击"创建"按钮，完成新建数据库（图 2.23）。

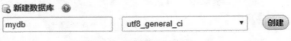

图 2.23　新建数据库 mydb

2. 在 mydb 数据库里新建数据表 user

建完数据库后，自动弹出新建数据表页面，输入"user"，然后单击"执行"按钮，进入字段和属性设置页面，如图 2.24 所示。user 表结构浏览如图 2.25 所示。

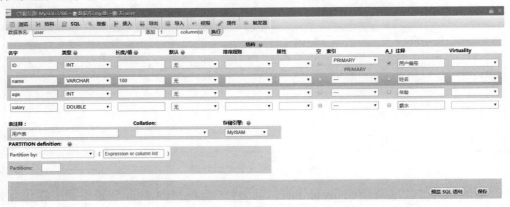

图 2.24　定义 user 表字段和属性设置

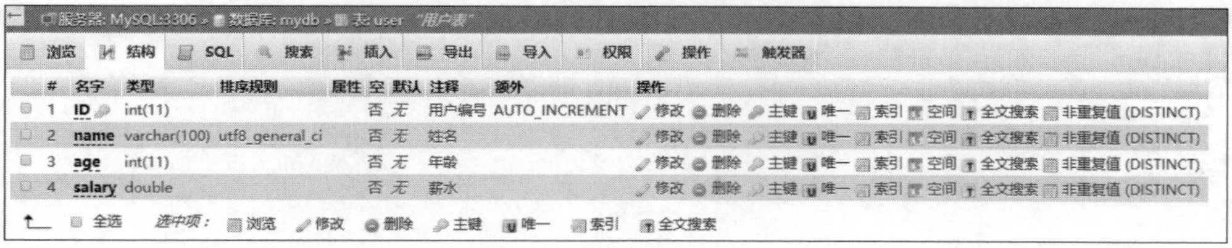

图 2.25　user 表结构浏览

3. 给数据表 user 里新增记录

单击图 2.26 菜单栏中的"插入"菜单按钮，在弹出的窗口中就可以手动添加记录了。

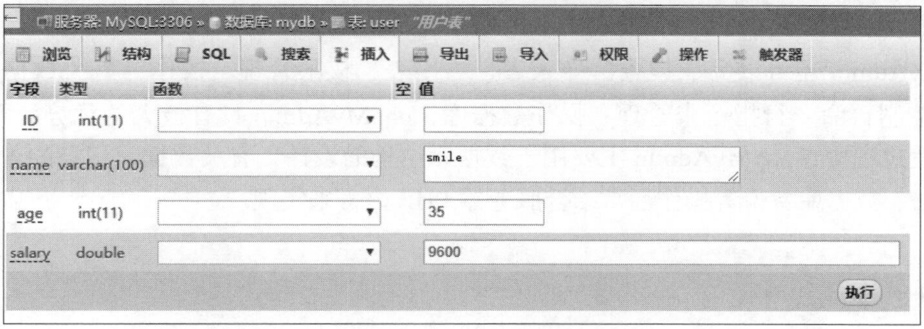

图 2.26　在 user 表中添加记录

单击"浏览"菜单，可以查看刚才输入的记录 (图 2.27)。

图 2.27　已添加记录浏览

4. 管理数据表记录

图 2.27 的数据表记录界面显示有"编辑""复制""删除""导出"等操作按钮，直接选中某行或多行记录，进行相应的操作即可。

5. 数据记录的 SQL 处理

与 MySQL 一样，在 phpMyAdmin 软件中也可以使用 SQL 语句对数据进行操作和处理。单击菜单栏上的 SQL，进入 SQL 语句管理页面 (图 2.28)。然后在左侧窗口输入相应的 SQL 语句，就可以完成数据管理操作。

图 2.28　SQL 处理页面

　　phpMyAdmin 还可以完成搜索、导入表、导出表、权限管理、操作等有关数据库的管理。对于使用控制台命令行指令来管理和操作数据库，phpMyAdmin 具有极大的优势。而在实际网站系统开发过程中，phpMyAdmin 主要用于数据库结构的设计，有关数据表记录的查询、更新、删除、新增、数据库备份等操作通常结合服务器 PHP 语言来实现。

第 3 章　PHP 程序开发

　　网页设计以界面显示为主，通常可称为显示端任务（View）。显示端包括前端页面和后台管理端页面，美观而清晰的页面会使用户心情愉悦；数据库存储了网站所需要或产生的数据，如何将数据按需求显示在前端页面或后端页面，同时将页面用户填写数据存储到数据库中，实现动态交互，也就是建立网站需求的数据模型（Model）和操作控制（Control），这就需要服务器语言发挥作用了。

　　在前两章介绍页面设计和数据库技术基础之后，本章将重点介绍 PHP 服务器语言，包括语言基础、程序设计、与网页交互、数据库操作等内容，各节都列举了相应的实例，读者可以参考实例学习并掌握 PHP 程序开发知识。

3.1　PHP 概述

3.1.1　PHP 简介

超级文本预处理语言（Hypertext Preprocessor，PHP）是一种 HTML 内嵌式语言，PHP 与微软的 ASP 颇有几分相似，都是一种在服务器端执行的嵌入 HTML 文档的脚本语言，语言的风格有些类似于 C 语言，现在被很多的网站编程人员广泛运用。因此如果读者有一些 C 语言编程基础，学习 PHP 就很容易了。

PHP 于 1994 年由 Rasmus Lerdorf 创建，刚开始时是 Rasmus Lerdorf 为了要维护个人网页而用 Perl 语言编写的一个简单的程序。后来又用 C 语言重新编写，包括可以访问数据库。在 1995 年早期发布了 PHP1.0 版本。随着越来越多的网站使用 PHP，在开发团队和 PHP 社区人员的共同努力下，PHP 已经由 1.0 版本发展到 5.0、6.0 版本，最新版本为 7.0。

PHP 具有如下特点：

（1）学习起来快，容易入门　　PHP 的学习过程非常简单。只要了解一些基本的语法和语言特色，哪怕不是 PHP 的语法，而是 C 语言或者 Perl 的语法，就可以开始 PHP 编程之旅了。只要有编程基础，就完全可以边学 PHP 边做网站开发。

（2）数据库连接　　PHP 与 MySQL 是绝佳的组合。但是 PHP 也可以编译成具有与许多数据库相连接的函数。PHP 还支持 Informix、Oracle、Sybase、Solid 和 PostgreSQL，以及通用的 ODBC。PHPLIB 就是最常用的可以提供一般事务需要的一系列基库。

（3）可扩展性　　对于一个非程序员来说，为 PHP 扩展附加功能可能会比较难，但是对于一个 PHP 程序员来说并不困难。PHP 能发展到今天，本身就是大量程序员协同努力的结果，因此文档和邮件列表等支持方式很多。

（4）面向对象编程　　PHP 提供了类和对象，支持构造器、提取类等。

（5）可伸缩性　　传统上，网页的交互作用是通过 CGI 来实现的。CGI 程序的伸缩性不是很理想，因为要为每一个正在运行的 CGI 程序开一个独立进程。解决方法就是将编写 CGI 程序的语言解释器编译进 Web 服务器（如 JSP）。PHP 就可以以这种方式安装。内嵌的 PHP 可以具有更高的可伸缩性。

3.1.2　PHP 的功能

使用 PHP 有便利，具体如下：

（1）PHP 可在不同的平台上运行（Windows、Linux、Unix、Mac OS X 等）；

（2）PHP 与目前几乎所有的正在被使用的服务器相兼容（Apache、IIS 等）；

（3）PHP 提供了广泛的数据库支持；

（4）PHP 是免费的，可从官方的 PHP 资源下载；

（5）PHP 易于学习，并可高效地运行在服务器端。

PHP 具有多种功能，具体如下：

（1）PHP 可以生成动态页面内容；

（2）PHP 可以创建、打开、读取、写入、关闭服务器上的文件；

（3）PHP 可以收集表单数据；

（4）PHP 可以发送和接收 cookies；

（5）PHP 可以添加、删除、修改用户数据库中的数据；

（6）PHP 可以限制用户访问网站上的一些页面；

（7）PHP 可以加密数据。

通过 PHP，不仅可以输出 HTML，还可以输出图像、PDF 文件，Flash 电影。甚至还可以输出任意的文本，如 XHTML 和 XML。

3.1.3　安装 PHP 运行环境

PHP 是一门服务器语言，在使用时依赖于服务器环境，因此需要首先安装运行环境。安装运行环境一般有两种方法：①使用工具包，即将 Apache、PHP、MySQL 等模块和配置打包为一个安装程序包或者压缩包，用户只需下载这个安装包就可以快速搭建运行环境，有些集成安装包甚至可做到一键设置，非常方便，适合于初学者。②手动搭建运行环境，Apache、PHP、MySQL 均为免费开放源代码软件，用户无需付费即可从其官网上下载到本地磁盘安装，在环境变量设置及其他参数设置好后，就可以开始运行。由于每个软件都要安装，设置参数，过程相对复杂，但也有利于用户掌握一些配置技巧，加深运行机制的认识。本节将介绍几种集成安装方法，读者可以自行参考选择。

说明：本节介绍的安装方法均在 Windows 操作系统环境中。如果在 Linux 系统或者 MAC 系统安装 PHP 运行环境，其方法有所不同，读者可以自行搜索相关资料。

1. Apache+PHP+MySQL 集成安装包方法

在第 2 章数据库部分介绍 phpMyAdmin 图形化数据库管理部分时，曾对使用集成安装包 phpStudy 进行了简单介绍，读者可以参考。

这里再介绍一款集成安装组件 WampServer。WampServer 是一款由法国人开发的 Apache Web 服务器、PHP 解释器和 MySQL 数据库的整合软件包。WampServer 就是 Windows Apache MySQL PHP 集成安装环境，即在 Windows 下的 Apache、PHP 和 MySQL 的服务器软件。

由于其官网为法语界面，不容易懂，因此推荐直接去 SourceForge.net 上下载。最新版本为

3.1.7，要求是 64 位操作系统环境。

下载成功后，开始安装 WampServer。

单击安装包，第 1 步选择安装语言，默认选择 English，如图 3.1 所示。

单击 OK 按钮后弹出许可协议界面，选择同意 I accept the agreement，如图 3.2 所示，然后单击 Next 按钮。

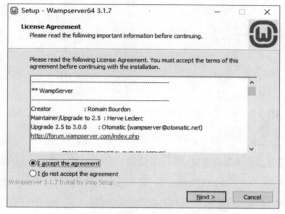

图 3.1　选择安装语言页面　　　　　图 3.2　协议同意选择界面

认真阅读安装相关信息（见图 3.3），主要是需要 VS12（VS2012）、VC13（VS2013）、VC14（VS2014）、VC15（VS2015 运行环境），如果系统没有安装过这些库，则需要单独下载 vc_redist.x64(2015).exe 安装。单击 Next 进入安装路径确定界面（图 3.4），选择默认的路径后，单击 Next 按钮。

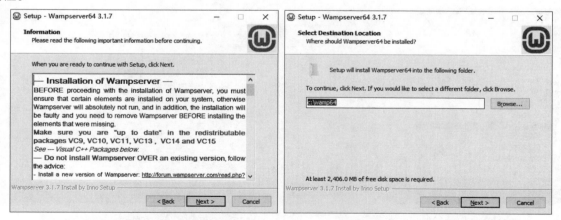

图 3.3　知晓需要 VS 运行环境信息界面　　　　　图 3.4　定位安装路径界面

接下来默认设置 Windows 程序栏的快捷名（图 3.5），单击 Next 后进入准备安装页面（图 3.6）。

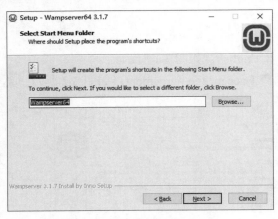

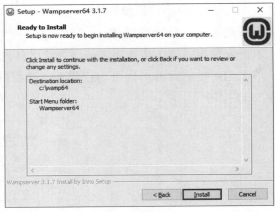

图 3.5　程序栏快捷名设置界面　　　　　　　　图 3.6　安装启动界面

安装进度达到 100% 时，即安装成功。从程序栏里找到 Wampserver64 运行后，在桌面右下角弹出红色的 Wampserver 图标，单击该图标可以看到 Wampserver 集成包所包括的 Apache 版本、PHP 版本、MySQL 版本或 MariaDB 版本、phpMyAdmin 版本信息。单击启动所有服务（图 3.7），稍等几分钟后，图标变为绿色，就表明所有服务开始正常启动了。

在控制台窗口（图 3.7）单击 localhost 或者打开浏览器，在地址栏输入 localhost 或 127.0.0.1，能通过浏览器看到全部服务的配置信息，如图 3.8 所示。

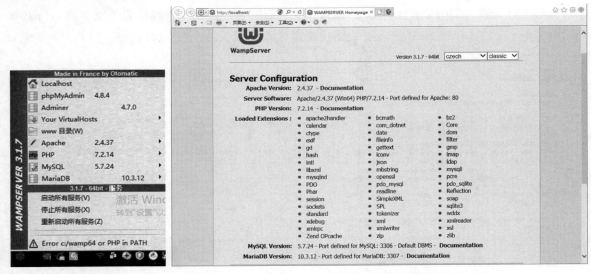

图 3.7　WampServer 控制台窗口　　　　　　　图 3.8　WampServer 服务器配置信息

单击控制台窗口的 WWW 目录，可以进入放置网页文件目录的路径，如图 3.9 所示。

图 3.9 WWW 目录文件夹信息

图 3.8 地址栏中为 http://localhost，实际 URL 指向为 http://localhost/index.php，由于在配置路径时命名为 index 的文件一般设置为默认首选项，因此在地址栏可以简便地输入 "localhost"。

【例 1】在 WWW 目录下新建一个 myweb 文件夹，然后在该文件夹下新建一个 html 文档，命名为 index.html，如图 3.10 所示。

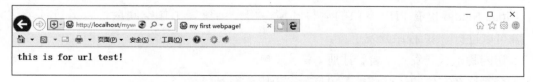

图 3.10 新建 myweb 目录及 index 网页文档

使用第一章网页开发工具中推荐的 sublime text3，在 index.html 中输入如下内容：

```html
<html>
<head>
    <title>my first webpage!</title>
</head>
<body>
    <h4>this is for url test!</h4>
</body>
</html>
```

输入完毕后保存，然后在浏览器地址栏输入 " http://localhost/myweb/"，浏览器页面显示为如图 3.11 所示的内容。

图 3.11 myweb 首页测试

也可以测试一下 php 是否可以正常运行，在上述 index.html 文档中增加一行 php 语句，并将文档存成 index.php，具体如下：

```
<html>
<head>
    <title>my first webpage!</title>
</head>
<body>
    <h4>this is for url test!</h4>
    <?php echo 'welcome to use php'; ?>        //PHP 语句，此处用于输出语句
</body>
</html>
```

保存完毕，在地址栏再次输入"http://localhost/myweb/"，浏览器页面显示为如图 3.12 所示的内容。

图 3.12　myweb 首页增加 PHP 语句测试

至此，Wampserver 集成安装包安装完毕，后续的 PHP 程序设计都将使用该环境运行和调试。

2. Eclipse for PHP IDE 集成开发环境平台

Eclipse 是一个开放源代码的、基于 Java 的可扩展开发平台（如果未安装 JDK，则需要先下载 JDK 安装）。就其本身而言，它只是一个框架和一组服务，用于通过插件组件构建开发环境。幸运的是，Eclipse 附带了一个标准的插件集，包括 Java 开发工具（Java Development Kit、JDK）。

由于安装 Eclipse 时必须安装 JDK，还需要在 eclipse 中设置环境变量、PHP 参数设置，过程相对复杂，本书限于篇幅不再赘述，有兴趣的读者可以自行搜索了解。

3. Cloud Studio 云端开发

Cloud Studio 是腾讯云推出的云端开发工具，用户在注册登录后可以实现在线程序开发，包括新建目录、新建文件、git 管理，程序文件可以在线保留，与本地服务器几乎一致。对于 PHP 开发，Cloud Studio 也有 PHP 专门的运行环境。用户创建好工作空间后，将运行环境切换为 PHP，就可以进行 PHP 程序开发了。

（1）访问腾讯云开发者平台，注册 / 登录账户。

（2）登录后在右侧的运行环境菜单选择"PHP 运行环境"。

（3）在左侧代码目录中新建 PHP 代码目录，编写 PHP 代码（图 3.13）。

（4）如图 3.13 所示，保存 PHP 文件为 index.php。在下方终端窗口找到文件所在的目录，系统默认当前目录为 workspace，将文件保存在 workspace 下。进入 workspace 目录，在终端命令

行输入 php index.php，下方即显示出运行结果。

图 3.13　Cloud Studio 云端开发 PHP 程序

4. 在线运行 PHP 程序

互联网上有很多在线模块用于直接运行 PHP 程序或者其他如 C++、Python、Java 程序等，用户无需注册登录，非常方便。读者可以使用搜索功能，在关键词后输入 PHP 在线编译，就有不少结果。这里选择菜鸟工具在线编译环境介绍。

单击菜鸟工具在线编译环境链接地址，打开在线编译界面（图 3.14）。在左侧 PHP 代码窗口输入相应的 PHP 程序，单击运行，在右侧窗口就可以看到运行结果。

图 3.14　菜鸟工具在线编译 PHP 界面

在线编译非常方便，免去了本地电脑搭建服务器的烦恼；当然由于是在线编译环境，所编写的 PHP 程序无法及时保留。所以对于学习 PHP 编写小段测试代码，在线编译还是可用的，如果要编写多个关联的 PHP 程序文件，还是需要在本地或者云服务器上进行。

本章所有 PHP 案例代码都将采用 Windows 环境下搭建的本地服务器运行环境，即 WampServer 服务器。读者在阅读学习过程中也可以先将 WampServer 安装好，或者使用其他如 PHPNow、phpStudy、AppServer 等编译环境。

3.2　PHP 语法基础

因为 PHP 属于服务器脚本语言，编写时可以嵌入 HTML 文档然后保存为 php 文件，也可以直接编写 php 文件，在服务器上运行后使用浏览器观察运行结果。

根据 3.1 节搭建 WampServer 环境案例过程，在安装 WampServer 的文件夹下找到 WWW 目录，该目录为服务器运行根目录。后续实践案例都将保存在该目录下，运行时在浏览器地址栏输入 "localhost/ 文件名 .php" 即可。

3.2.1　PHP 基本语法

1. 基础语法

PHP 脚本以 <?php 开头，以 ?> 结尾。

```
<?php
    // 此处是 PHP 代码
?>
```

PHP 文件的默认文件扩展名是 .php。

PHP 语句以分号 ";" 结束，全部 PHP 代码块结尾标记为 ">"。

下面的例子是一个简单的 PHP 文件，其中包含使用内建 PHP 函数 echo 在网页上输出文本 Hello World! 的一段 PHP 脚本。

【例 2】输出 "Hello World" 程序代码，保存为 3-1.php。

```
<!DOCTYPE html>
<html>
<body>
    <h1> 我的第一个 PHP 程序 </h1>
    <?php
        echo "Hello World!";
    ?>
```

```
</body>
</html>
```

打开浏览器，在地址栏输入"http://localhost/3–1.php"，运行结果如图 3.15 所示。

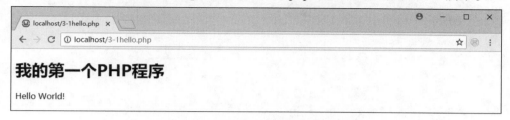

图 3.15　hello world 程序运行结果

2. PHP 注释

在 PHP 程序中添加注释是很好的编程习惯，可以让其他程序员了解程序行的含义，也可以记下自己写代码时的思路。PHP 代码中的注释不会作为程序来读取和执行。它唯一的作用是供代码编辑者阅读。

PHP 注释时，单行注释用"//"或者"#"符号；多行注释用"/*"开始，"*/"结尾。

```
<!DOCTYPE html>
<html>
<body>
    <?php
        // 单行注释
        # 单行注释
        /* 多行注释块开始

        */ 多行注释块结尾
    ?>
</body>
</html>
```

3. PHP 大小写敏感度

在 PHP 中，所有用户定义的函数、类和关键词（如 if、else、echo 等）都对大小写不敏感。但程序中所有变量都对大小写敏感。

【例 3】测试 PHP 大小写敏感度程序代码，将其保存为 3–2.php。

```
<!DOCTYPE html>
<html>
<body>
    <h1> 我的第二个 PHP 程序 </h1>
```

```php
<?php
    echo "Hello World!"."</br>";              // echo 用于语句输出
    ECHO "Hello, World!"."</br>";
    $color="red";                             // 定义 a0 变量的值为 red
    $Color="blue";                            // 定义 A0 变量的值为 blue
    echo 'color='.$color ."</br>";               // 输出 a0 的值
    echo 'Color='.$Color;                     // 输出 A0 的值
    ?>
</body>
</html>
```

打开浏览器，在地址栏输入"http://localhost/3-2.php"，运行结果如图 3.16 所示。

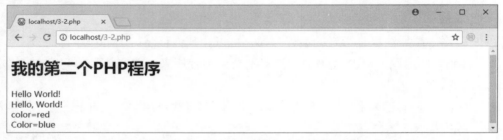

图 3.16　测试 PHP 大小写敏感度程序运行结果

3.2.2　变量与数据类型

1. 变量

变量通常是指值可以发生改变，但内存地址不变，也就是存储区的名称。

PHP 是一种弱类型语言，也就是在 PHP 中，数据类型不用声明和定义，PHP 会根据数据的值，自动把变量转换为正确的数据类型。而在如 C 、C++ 和 Java 之类的语言中，程序员必须在使用变量之前声明其名称和类型。

PHP 变量规则如下：

（1）变量以 $ 符号开头，其后是变量的名称；

（2）变量名称必须以字母或下划线开头；

（3）变量名称不能以数字开头；

（4）变量名称只能包含字母、数字、字符和下划线（A-z、0-9 和 _ ）；

（5）变量名称对大小写敏感（$y 与 $Y 是两个不同的变量）。

定义变量的方法是：直接创建，如 $a=10，表示定义变量 a 的值为 10，PHP 会自动将变量转换为数值类型。而在定义变量时尽可能做到见名知意，方便理解。

```php
<?php
    $txt="Hello world!";        // 定义 txt 为字符串型变量
    $x=5;                       // 定义 x 为整型数据
    $y=10.5;                    // 定义 y 为浮点型数据
?>
```

2. 数据类型

PHP 中包括的数据类型为 String（字符串）、Integer（整型）、Float（浮点型）、Boolean（布尔型）、Array（数组）、Object（对象）、NULL（空值）。

字符串、整型和浮点型三种数据类型是最常见的数据类型，字符串一般用于文本型，后两者为数值型，如上变量定义案例。下面对其他几种类型进行简单介绍。

（1）PHP 布尔型　通常用于条件判断。布尔型可以是 TRUE 或 FALSE。

```php
$x=true;
$y=false;
```

（2）PHP 数组　数组可以在一个变量中存储多个值。

在以下实例中创建了一个数组，然后使用 PHP 内置输出 var_dump() 函数返回数组的数据类型和值。

【例 4】数组定义和输出，保存代码为 3-3.php。

```php
<!DOCTYPE html>
<html>
<body>
    <h2> 数组定义和输出 </h2>
    <?php
        $cars=array("Volvo","BMW","Toyota"); // 定义数组
        var_dump($cars);                     // 打印输出数组
    ?>
</body>
</html>
```

打开浏览器，在地址栏输入 "http://localhost/3-3.php"，运行结果如图 3.17 所示。

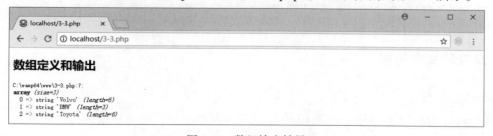

图 3.17　数组输出结果

（3）PHP 对象　对象数据类型也可以用于存储数据。

在 PHP 中，对象必须声明。使用 class 关键字声明类对象。类是可以包含属性和方法的结构。然后在类中定义数据类型，在实例化的类中使用数据类型。

【例 5】使用 PHP 对象，保存代码为 3-4.php。

```
<!DOCTYPE html>
<html>
<body>
    <h2>对象类定义和使用</h2>
    <?php
        class Car
        {
            var $color;
            function __construct($color="green") {    // 构造函数
            $this->color = $color;
            }
            function what_color() {                   // 定义一个 what_color 方法
            return $this->color;
            }
        }
        $car=new Car();                               // 实例化对象
        echo "这个车的颜色是 :".$car->what_color();    // 调用类中的方法
        ?>
</body>
</html>
```

打开浏览器，在地址栏输入"http://localhost/3-4.php"，运行结果如图 3.18 所示。

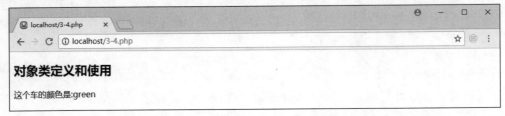

图 3.18　PHP 对象定义和使用实例

3.2.3　运算符与字符串

1. PHP 运算符

与其他程序设计语言一样，在 PHP 中存在多种数据类型，在对数据进行计算或者比较时就需要使用运算符。

常见的运算符包括以下几种：

（1）算术运算符　常见的四则运算 +、−、*、/，模运算 %。

（2）比较运算符　>、<、==、>=、<=，不等于 !=。

（3）逻辑运算符　逻辑与 &&、逻辑或 ||、逻辑非 !。

（4）复合运算符　复合赋值运算符 +=、−=、*=、/=，递增 ++、递减 −− 运算符。

（5）连接运算符　点号 (·) 运算符主要用于字符串之间的连接。

【例 6】PHP 运算，将代码保存为 3-5.php。

```
<!DOCTYPE html>
<html>
<body>
    <h2>PHP 运算符示例</h2>
    <?php
    $a=10;
    $b=20;
    echo "算术运算:a+b=".($a+$b)."</br>";                // . 为连接运算符
    echo "算术运算:a%b=".($a%$b)."</br>";                // % 为模除运算符
    echo "比较运算:a<b 的结果是 :".($a<$b)."</br>";        // 比较运算结果为 1
    echo "比较运算:a!=b 的结果是 :".($a!=$b)."</br>";      // 比较运算结果为 1
    echo "逻辑运算:a&&b 的结果是 :".($a&&$b)."</br>";      // 逻辑运算结果为 1
    echo "逻辑运算:a||b 的结果是 :".($a||$b)."</br>";      // 逻辑运算结果为 1
    echo "复合运算:a+=b 的结果是 :".($a+=$b)."</br>";
        // 上一行 += 运算符执行后 a 变量的值发生改变，进而影响下一行 a 的初始值
    echo "复合运算:a*=b 的结果是 :".($a*=$b)."</br>";
    ?>
</body>
</html>
```

打开浏览器，在地址栏输入 "http://localhost/3-5.php"，运行结果如图 3.19 所示。

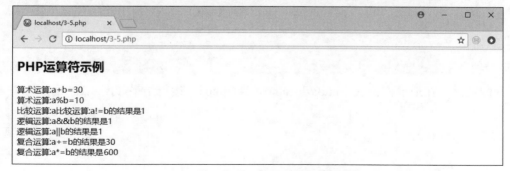

图 3.19　PHP 运算实例执行结果

2. 字符串

3-5.php 程序中已经涉及了字符串的连接运算，对于字符串，PHP 还提供了一些内置函数，如统计字符串长度函数 strlen( )，在字符串内查找一个字符或一段指定的文本函数 strpos(source, string) 等。

3.2.4　数组

数组包括一维数组、二维数组和高维数组，是数据的一种组织结构形式。

在 PHP 中，array() 函数用于创建数组：array( );

在 PHP 中，有以下三种类型的数组：

（1）数值数组——带有数字 ID 键的数组。

（2）关联数组——带有指定键的数组，每个键关联一个值。

（3）多维数组——包含一个或多个数组的数组。

在创建数组时，可以让系统自动分配索引 ID 键值，或者人工分配索引 ID 键值。

如：$cars=array("Volvo","BMW","Toyota");

或者：$cars[0]="Volvo"; $cars[1]="BMW"; $cars[2]="Toyota";

下面的实例为创建一个名为 $cars 的数值数组，并给数组分配三个元素，然后打印一段包含数组值的文本。

【例 7】PHP 数组，保存代码为 3-6.php。

```
<!DOCTYPE html>
<html>
<body>
    <h2>PHP 数组示例 </h2>
    <?php
        $cars=array("Volvo","BMW","Toyota"); // 定义数组变量 car
        echo " 第一个汽车品牌是： " . $cars[0];   // 索引 ID 为 0，就是数组里第一个变量
        var_dump($cars);//var_dump() 是内置打印函数，可打印变量的内容、结构和类型
    ?>
</body>
</html>
```

打开浏览器，在地址栏输入"http://localhost/3-6.php"，运行结果如图 3.20 所示。

图 3.20　PHP 数组示例执行结果

3.3　PHP 程序设计

有了一定的 PHP 语法基础后，就可以开始使用 PHP 语言编写一些简单的程序。如果读者有学习其他编程语言的基础，掌握起来非常容易。如果是入门初学者，可以跟着本节中的实例练习，掌握 PHP 程序设计的步骤和知识。

3.3.1　基本流程控制语句

基本流程控制主要包括条件判断、循环重复等。

1. 条件判断语句

在编写代码时，经常会希望为不同的决定执行不同的动作。可以在代码中使用条件语句来实现这一点。

在 PHP 中，可以使用以下条件语句：

- if 语句—— 如果指定条件为真，则执行代码；
- if...else 语句——如果条件为 true，则执行代码；如果条件为 false，则执行另一端代码；
- if...elseif....else 语句——根据两个以上的条件执行不同的代码块；
- switch 语句——选择多个代码块之一来执行。

【例 8】PHP 条件判断语句，保存代码为 3-7.php。

```
<!DOCTYPE html>
<html>
<body>
    <h2>PHP 条件判断语句 </h2>
    <?php
    date_default_timezone_set('Asia/Shanghai');// 设置时区为亚洲 / 上海
    $t=date("H");                              //date 函数可以获得当前小时值
```

```
        if ($t<"20") {
            echo "当前时间 Hour 值: ".$t. ",Have a good day!";
        } else {
            echo "当前时间 Hour 值: ".$t. ",Have a good night!";
        }
    ?>
</body>
</html>
```

在编写代码时需要注意 { } 符号的使用，条件判断执行语句需要使用括号。

打开浏览器，在地址栏输入"http://localhost/3-7.php"，运行结果如图 3.21 所示。

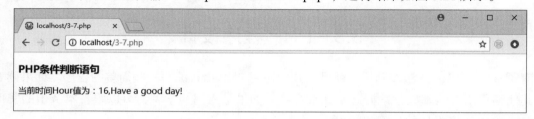

图 3.21　PHP 条件判断示例执行结果

switch 语句用于根据多个不同条件执行不同动作。其基本语法如下：

```
<?php
    switch (n)
    {
        case label1:
                // 如果 n=label1, 此处代码将执行 ;
        break;
        case label2:
                // 如果 n=label2, 此处代码将执行 ;
        break;
        default:
                // 如果 n 既不等于 label1 也不等于 label2, 此处代码将执行 ;
    }
?>
```

其基本思想是：首先对一个简单的表达式 *n*（通常是变量）进行一次计算。将表达式的值与结构中每个 case 的值进行比较。如果存在匹配，则执行与 case 关联的代码。代码执行后，使用 break 来阻止代码跳入下一个 case 中继续执行。default 语句用于不存在匹配（即没有 case 为真）时执行。

【例 9】PHP 条件 Switch 语句，保存代码为 3-8.php。

```
<!DOCTYPE html>
```

```
<html>
<body>
    <h2>PHP 条件 Switch 判断语句 </h2>
    <?php
        date_default_timezone_set('Asia/Shanghai');
        $t=date("H");                    //date 函数可以获得当前小时值
        switch ($t) {
            case '15':
                echo " 当前时间 Hour 值: ".$t. ",Have a good afternoon!";
                break;
            case '9':
                echo " 当前时间 Hour 值: ".$t. ",Have a good morning!";
                break;
            case '21':
                echo " 当前时间 Hour 值: ".$t. ",Have a good night!";
                break;
            default:
                echo " 当前时间 Hour 值: ".$t. ",Have a good day!";
                break;
        }
    ?>
</body>
</html>
```

打开浏览器，在地址栏输入"http://localhost/3-8.php"，运行结果如图 3.22 所示。

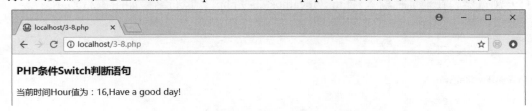

图 3.22　PHP 条件 Switch 语句示例执行结果

2. 循环重复语句

在编写代码时，经常需要让相同的代码块一次又一次地重复运行。可以在代码中使用循环语句来完成这个任务。

在 PHP 中，提供了下列循环语句：

● while —— 只要指定的条件成立，则循环执行代码块；

● do...while ——首先执行一次代码块，然后在指定的条件成立时重复这个循环；

● for—— 循环执行代码块指定的次数；

● foreach —— 根据数组中每个元素来循环代码块。

（1）while 循环　While 循环将重复执行代码块，直到指定的条件不成立。其基本语法如下：

```
while（条件）
{
    要执行的代码；
}
```

【例 10】PHP while 循环语句，保存代码为 3-9.php。

```
<!DOCTYPE html>
<html>
<body>
    <h3>PHP 循环 while 语句 </h3>
    <?php
        $i=1;                          // 定义初始变量 i 为 1
        $s=0;                          // 设置求和变量 s 初始值为 0；
        while（$i< 10）{
            $s+=$i;                    // 当 i 小于 10，计算 s=1+2+3+...+9=？
            $i++;                      //i 变量要自增计算
        }
        echo "s=1+2+3+...+9=? s 最终值 = ". $s;
    ?>
</body>
</html>
```

打开浏览器，在地址栏输入"http://localhost/3-9.php"，运行结果如图 3.23 所示。

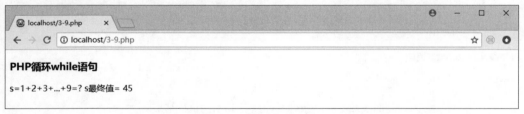

图 3.23　PHP 循环 while 语句示例执行结果

（2）do …while 循环　　do...while 语句会至少执行一次代码，然后检查条件，只要条件成立，就会重复进行循环。其基本语法如下：

```
do
{
    要执行的代码；
}while（条件）；
```

将上述实例代码修改为 do…while 循环结构，如下：

```
<!DOCTYPE html>
<html>
<body>
    <h3>PHP 循环 while 语句 </h3>
    <?php
        $i=1;                          // 定义初始变量 i 为 1
        $s=0;                          // 设置求和变量 s 初始值为 0;
        do{
            $s+=$i;                    // 当 i 小于 10,计算 s=1+2+3+...+9=?
            $i++;                      //i 变量要自增计算
        }while($i<10);
        echo "s=1+2+3+...+9=? s 最终值 = ". $s;
    ?>
</body>
</html>
```

读者可以练习测试，最后获得的运行结果一致。

（3）for 循环　for 循环用于预先知道脚本需要运行的次数的情况。其基本语法如下：

```
for (初始值 ; 条件 ; 增量 )
{
    要执行的代码 ;
}
```

其中的参数如下。

初始值：主要是初始化一个变量值，用于设置一个计数器（但可以是任何在循环的开始被执行一次的代码）。

条件：循环执行的限制条件。如果为 TRUE，则循环继续；如果为 FALSE，则循环结束。

增量：主要用于递增计数器（但可以是任何在循环的结束被执行的代码）。

【例 11】PHP for 循环语句，保存代码为 3-10.php。

```
<!DOCTYPE html>
<html>
<body>
    <h3>PHP 循环 for 语句 </h3>
    <?php
        for($i=1,$s=0;$i<=10;$i++)              //for 语句格式
        { $s+=$i;}                              // 循环加算法
        echo "s=1+2+3+...+9+10=? s 最终值 = ". $s;    // 输出最终结果
    ?>
</body>
</html>
```

打开浏览器，在地址栏输入 http://localhost/3-10.php，运行结果如图 3.24 所示。

图 3.24　PHP 循环 for 语句示例执行结果

（4）foreach 循环　foreach 循环用于遍历数组。其基本语法如下：

```
foreach ($array as $value)
{
    要执行的代码；
}
```

每进行一次循环，当前数组元素的值就会赋值给 $value 变量（数组指针会逐一地移动），在进行下一次循环时，将看到数组中的下一个值。

【例 12】PHP foreach 循环语句，保存代码为 3-11.php。

```
<!DOCTYPE html>
<html>
<body>
    <h3>PHP 循环 foreach 语句 </h3>
    <?php
    $x=array("one","two","three");        // 定义数组变量 x
    foreach ($x as $key=>$value)          //foreach 格式
    {
        echo "第".($key+1)." 个元素的值为 :".$value . "<br>";
    }
    ?>
</body>
</html>
```

打开浏览器，在地址栏输入 "http://localhost/3-11.php"，运行结果如图 3.25 所示。

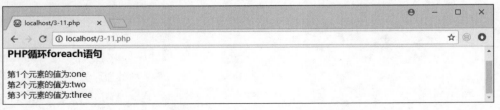

图 3.25　PHP 循环 foreach 语句示例执行结果

3.3.2 PHP 函数

函数是程序设计里非常重要的组成部分。PHP 语言有许多内置函数（超过 1 000 个内建的函数）可以直接调用，如前面所用的 echo 函数、date 函数、var_dump 函数等，也可以自己创建函数。

函数是通过调用来执行的。其基本语法如下：

```php
<?php
    function functionName(variable1, variable2)
    {
        // 要执行的代码
    }
?>
```

其中 variable 参数是可选的，同时如果需要返回值，还需要加 return 语句。

【例 13】PHP 自建函数调用，保存代码为 3-12.php。

```php
<!DOCTYPE html>
<html>
<body>
    <h3>PHP 自建函数示例 </h3>
    <?php
        // 计算两个数的和，定义 add 函数
        function add($a,$b){
            $count = $a + $b;
            return $count;                // 使用 return 语句返回函数执行结果
        }
        // 计算小明的数学成绩和语文成绩的和
        function count_score(){
            $m = 96;// 数学成绩
            $y = 99;// 语文成绩
            $sum = add($m,$y);            // 调用 add 函数，传递参数值
            echo " 小明的总成绩是 ".$sum;
        }
        count_score(); // 调用函数
    ?>
</body>
</html>
```

打开浏览器，在地址栏输入"http://localhost/3-12.php"，运行结果如图 3.26 所示。

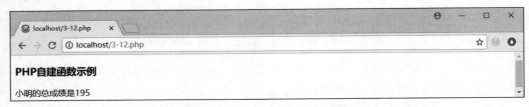

图 3.26　PHP 自建函数计算总成绩运算结果

3.3.3　字符串与数组操作

在基础语法部分就字符串和数组作为数据类型进行了介绍，下面介绍这两种类型的常用函数。读者可以看案例学实践，掌握相关的编程知识。

1. 常用字符串函数

表 3.1 为部分常用字符串函数示例，在使用时可以直接调用，如果有相关参数还需给定参数的值。

表 3.1　常用字符串函数

常用函数名称	用法描述
echo()	输出一个或多个字符串
explode()	把字符串打散为数组
implode()	返回由数组元素组合成的字符串
str_split()	把字符串分割到数组中
strcmp()	比较两个字符串（对大小写敏感）
strlen()	返回字符串的长度
strpos()	返回字符串在另一字符串中第一次出现的位置（对大小写敏感）
strtolower()	把字符串转换为小写字母
strtoupper()	把字符串转换为大写字母
substr()	返回字符串的一部分
substr_replace()	把字符串的一部分替换为另一个字符串
trim()	删除字符串两侧的空白字符和其他字符

【例 14】PHP 字符串内置函数，保存代码为 3-13.php。

```
<!DOCTYPE html>
<html>
<body>
    <h3>PHP 字符串函数使用示例 </h3>
    <?php
    $str="welcome to this world!";
    echo "字符串长度 :".strlen($str).'</br>';
```

```
        echo "字符串全大写 :".strtoupper($str).'</br>';
        echo "字符串转变为数组后 :";
        var_dump(explode(' ', $str));
    ?>
</body>
</html>
```

打开浏览器，在地址栏输入"http://localhost/3-13.php"，运行结果如图 3.27 所示。

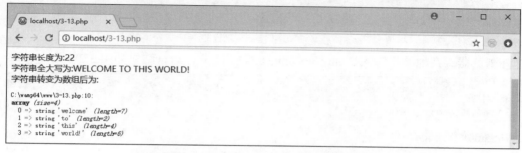

图 3.27　PHP 字符串操作函数示例运行结果

2. 数组操作

表 3.2 为部分数组操作函数示例，在使用时可以直接调用。

表 3.2　常用字符串函数

常用函数名称	用法描述
array()	创建数组
array_count_values()	用于统计数组中所有值出现的次数
array_diff()	比较数组，返回差集（只比较键值）
array_fill()	用给定的键值填充数组
array_multisort()	对多个数组或多维数组进行排序
array_pop()	删除数组的最后一个元素（出栈）
array_push()	将一个或多个元素插入数组的末尾（入栈）
array_replace()	使用后面数组的值替换第一个数组的值
array_search()	搜索数组中给定的值并返回键名
arsort()	对关联数组按照键值进行降序排序
asort()	对关联数组按照键值进行升序排序
sort()	对数组排序

【例 15】PHP 数组操作函数，保存代码为 3-14.php。

```
<!DOCTYPE html>
<html>
<body>
```

```
    <h3>PHP 数组函数使用示例 </h3>
    <?php
        $arr=array();                 // 新建一个数组变量 arr
        array_push($arr, "peter","john","sophie"); // 将三个值插入数组
        var_dump($arr);               // 输出数组
        sort($arr);                   // 对数组排序
        var_dump($arr);               // 输出排序后的数组
    ?>
</body>
</html>
```

打开浏览器，在地址栏输入"http://localhost/3-14.php"，运行结果如图 3.28 所示。

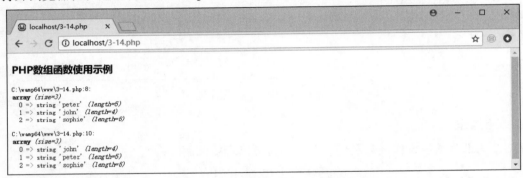

图 3.28　PHP 数组操作函数示例运行结果

3.3.4　面向对象的程序设计

在面向对象的程序设计（Object-oriented programming，OOP）中，对象是一个由信息及对信息进行处理的描述所组成的整体，是对现实世界的抽象。在现实世界里我们所面对的事物都是对象，如计算机、电视机、自行车等。

1. 类和对象

类的概念源于人们认识世界、认识社会的过程。具有相同属性特征的可以抽象为类，如狗和羊，都属于动物类。具体到某一条狗、某一只羊，其中具体某条狗、某只羊就属于对象。因此类主要为抽象特征，类是对象的抽象，对象是类的实例。

类具有类成员，用于描述在类的内部可能存在的各种概念。在 PHP 中主要包括常量、变量和方法三种基本成员。成员变量为定义在类内部的变量。该变量的值对外是不可见的，但是可以通过成员函数访问，在类被实例化为对象后，该变量便可称为对象的属性。成员函数定义在类的内部，可用于访问对象的数据。

对象具有以下三个主要特性：

（1）对象的行为　可以对对象施加操作，如开灯、关灯就是行为。

（2）对象的形态　施加哪些方法使对象如何响应，如颜色、规格型号、外形。

（3）对象的表示　具体区分在相同的行为与状态下对象有何不同，相当于身份识别。

如图 3.29 所示，Animal(动物) 是一个抽象类，可以具体到一条狗和一只羊，而狗和羊就是具体的对象，它们有颜色属性，可以写，可以跑等行为状态。

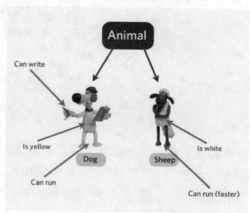

图 3.29　动物抽象类示例

类具有以下三个基本特性：

● 继承——继承是子类自动共享父类数据结构和方法的机制，这是类之间的一种关系。在定义和实现一个类时，可以在一个已经存在的类的基础上来进行，把这个已经存在的类所定义的内容作为自己的内容，并加入若干新的内容。

● 封装——封装是指将现实世界中存在的某个客体的属性与行为绑定在一起，并放置在一个逻辑单元内。

● 多态——多态是指相同的函数或方法可作用于多种类型的对象上并获得不同的结果。不同的对象，收到同一条消息可以产生不同的结果，这种现象称为多态性。

2.PHP 使用类

（1）PHP 定义类　PHP 使用关键字 class 定义类，类的变量使用 var 来声明，其基本语法如下：

```php
<?php
    class 类名 {
        var $var1;                       // 定义成员变量
        function myfunc ($arg1, $arg2) {  // 定义成员函数
                                         // 执行代码

        }
    }
?>
```

例如，对图 3.29 进行类的定义如下：

```php
<?php
  class Animal
    {
        var $type;                          // 成员变量名称
        function setName($name){            // 成员函数
            echo $this->type=$name;         // 执行代码
        }
    }
        $dog=Animal( ) ;                    // 实例化对象
        $dog->setName("Hasky puppy"); // 调用类函数
    }
?>
```

在类里定义的变量和函数无法直接进行外部访问，只能通过该类和实例化的对象进行访问。在程序代码中出现了 $this 伪变量，用来在类的内部使用其属性和方法。如对图 3.29 进行类的定义中 "$this->type"，表示该类的 type 变量。符号 "–>" 类似于 Java 或者 Python 的 "." 运算符，$this->type 解释为 type 属性属于该类的成员变量。

（2）实例化对象 类创建后，可以使用 new 运算符来实例化该类的对象。其基本语法格式为

实例对象 =new 类名

如图 3.29 中 Animal 类，使用 new 运算符获取 Animal 的两个对象，示例如下：

```php
$dog=new Animal( );
$cat =new Animal( );
```

调用类成员函数的基本语法格式为

实例对象 -> 成员方法

如要调用 Animal 类里的 setName 成员函数，可以使用如下语法：

```php
$dog->setName("Hasky puppy");
$cat->setName("Caffe Cat");
```

如果执行上述语句，将会获得如下输出结果：

```
Hasky puppy
Caffe Cat
```

（3）构造函数 构造函数是一种特殊的方法，主要用来在创建对象时初始化对象，即为对象成员变量赋初始值，在创建对象的语句中与 new 运算符一起使用。语法格式如下：

```
void __construct ([ mixed $args [, $... ]] )
```

如图 3.29 就可以通过构造方法来初始化 $name 变量。

```php
function __construct( $name) {
    $this->type = $name;
}
```

【例 16】PHP 类编程实例，保存代码为 3-15.php。

```php
<!DOCTYPE html>
<html>
<body>
    <h3>PHP 类定义及实例化 </h3>
    <?php
        class Animal
        {
            var $type;                          // 成员变量名称
            function __construct($name){        // 构造函数
                $this->type=$name;              // 初始化变量赋值给 type 变量
            }
            function listName( ){               // 成员函数
                echo $this->type;               // 输出打印 type 变量的值
            }
        }
    $dog=new Animal('hasky dog');               // 实例化类，同时给初始值
    $dog->listName();                           // 调用类里的列举名字方法
    ?>
</body>
</html>
```

打开浏览器，在地址栏输入"http://localhost/3-15.php"，运行结果如图 3.30 所示。

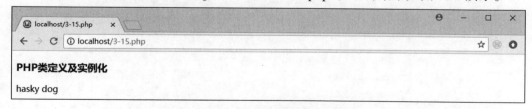

图 3.30　PHP 构造函数实例运行结果

（4）类的继承　PHP 使用关键字 extends 来继承一个类，PHP 不支持多继承，格式如下：

```php
class Child extends Parent {
        // 代码部分
}
```

例如，上述的 Animal 类，可以设置子类为 dog，因为 dog 类还包括许多品种的狗或者不同

名字的狗，也就是还可以细分，从而把 dog 作为一个子类。dog 子类可以继承 Animal 类的成员函数，也可以对成员函数进行重写。

PHP 不会在子类的构造方法中自动调用父类的构造方法。要执行父类的构造方法，需要在子类的构造方法中调用 parent::__construct()。

【例 17】PHP 类继承编程实例，保存代码为 3-16.php。

```php
<!DOCTYPE html>
<html>
<body>
    <h3>PHP 类定义及实例化 </h3>
    <?php
        class Animal                                  // 父类
        {
            var $type;                                // 成员变量名称
            function __construct($name){              // 构造函数
                $this->type=$name;
            }
            function listName(){
                echo $this->type;
                echo '</br>';
            }
        }
        class Dog extends Animal                       // 子类继承父类
        {
            public function setColor($color){
                echo $color;
            }
        }
        $dog=new Animal('hasky dog');                  // 实例化类，dog 为具体对象
        $dog->listName();                              // 调用类里的设置名字方法
        $hasky=new Dog('hasky dog');                   // 实例化子类，hasky 为具体对象
        $hasky->listName();                            // 继承父类 Animal 里的成员函数 listName
        $hasky->setColor('red');                       // 调用子类里的 setColor 成员函数
    ?>
</body>
</html>
```

打开浏览器，在地址栏输入 "http://localhost/3-16.php"，运行结果如图 3.31 所示。

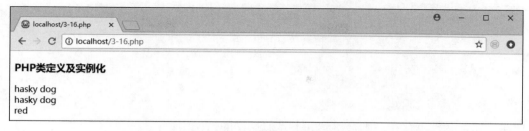

图 3.31　PHP 类继承实例运行结果

（5）访问控制　PHP 对属性或方法的访问控制是通过在前面添加关键字 public（公有）、protected（受保护）或 private（私有）来实现的。

- public（公有）：公有的类成员可以在任何地方被访问；
- protected（受保护）：受保护的类成员可以被其自身以及其子类和父类访问；
- private（私有）：私有的类成员只能被其定义所在的类访问。

类属性必须定义为公有、受保护、私有之一。如果用 var 定义，则被视为公有。不管是类成员变量，还是类函数方法都需要定义类属性，不定义时默认为 public 型。如果定义成 public 类型，则可以进行外部访问；后两种类型访问受限。

3.3.5　错误和异常处理

在 PHP 开发中，错误和异常并不等同。错误可能是在开发阶段的一些失误而引起的程序问题；而异常则是项目在运行阶段遇到的一些意外，导致程序不能正常运行。

1. 错误处理

在创建脚本和 Web 应用程序时，错误处理是一个重要的部分。如果代码缺少错误检测编码，那么程序看上去会很不专业，也会发生安全风险。

PHP 中最为常用的错误检测语句就是使用 die( ) 函数方法。

如编写一个打开文本文件的简单脚本：

```php
<?php
    $file=fopen("welcome.txt","r");
?>
```

如果文件不存在，会得到如下类似这样的错误：

```
Warning: fopen(welcome.txt) [function.fopen]: failed to open stream:
No such file or directory in /www/test.php on line 2
```

为了避免用户得到类似上面的错误消息，因此在访问文件之前需检测该文件是否存在。

```php
<?php
    if(!file_exists("welcome.txt"))
```

```
    {
        die(" 文件不存在 ");
    }else {
        $file=fopen("welcome.txt","r");
    }
?>
```

现在，如果文件不存在，则会得到如下类似这样的错误消息：

文件不存在

相比之前的代码，上面的代码更有效，这是由于它采用了一个简单的错误处理机制，在错误之后终止了脚本。

2. 异常处理

PHP 中将代码自身异常（一般是环境或者语法非法所致）称为错误，将运行中出现的逻辑错误称为异常（Exception）。错误是没法通过代码处理的，而异常则可以通过 try/catch 处理。其基本结构为

try...throw...catch

Try/catch 处理解释如下：

Try—— 使用异常的函数应该位于 "try" 代码块内。如果没有触发异常，则代码将照常继续执行；但是如果异常被触发，则会抛出一个异常。

Throw —— 这里规定如何触发异常。每一个 throw 必须对应至少一个 catch。

Catch—— catch 代码块会捕获异常，并创建一个包含异常信息的对象。

让我们触发一个异常。

【例 18】PHP 异常处理编程实例，保存代码为 3–17.php。

```php
<?php
    // 创建可抛出一个异常的函数
    function checkNum($number)
    {
        if($number>1) {
            throw new Exception("Value must be 1 or below");
        }
        return true;
    }
    // 在 "try" 代码块中触发异常
    try {
        checkNum(2);
        //If the exception is thrown, this text will not be shown
```

```
        echo 'If you see this, the number is 1 or below';
    }
    // 捕获异常
    catch(Exception $e) {
        echo 'Message: ' .$e->getMessage();
    }
?>
```

打开浏览器，在地址栏输入"http://localhost/3-17.php"，得到如图 3.32 所示的运行结果。

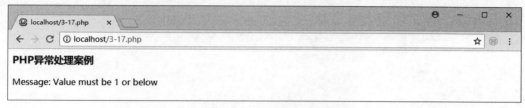

图 3.32　异常处理案例运行结果

3.4　PHP 与网页交互

PHP 语言和网页结合发挥其服务器脚本语言作用是其最大的优势之一，也就是用 PHP 语言来实现与网页的交互，控制网页上数据的输出，将表单输入数据上传至数据库实现动态交互，使得网页显示"活"、友好，从而提高用户使用的黏度，延长用户在页面的驻留时间。

3.4.1　表单数据交互

表单是 HTML 文档常见的元素，使用表单可以完成文本的输入、设置选项的勾选、按钮提交等网页设置。

HTML 表单用于搜集不同类型的用户输入。如常见的注册登录页面，就需要用户输入用户名、密码及其他相关设置后，单击按钮进入网站首页。

扫一扫，看微课

【例 19】以网站注册为例，分析表单使用及 PHP 处理表单数据的过程。其基本流程如下。

第 1 步：设计注册页面，以表单元素为主。图 3.33 所示为表单的简洁设计。

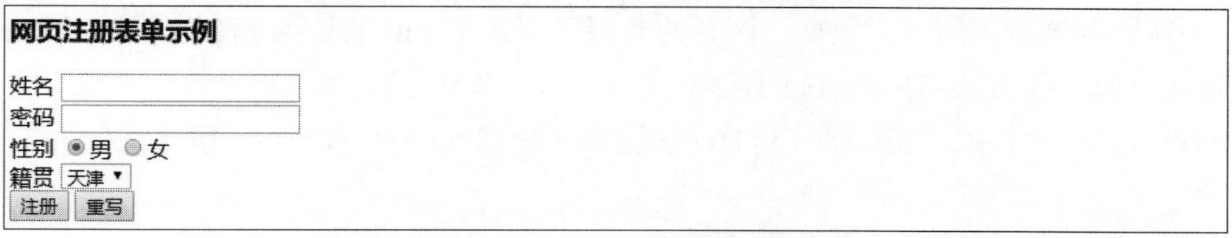

图 3.33　注册表单设计页面

95

此处重点在于介绍表单输入与 PHP 处理的过程，表单显示 CSS 样式没有特别处理。

将其代码保存为 3-18.php，具体如下：

```
<!DOCTYPE html>
<html>
<body>
    <h3> 网页注册表单示例 </h3>
    <form action="3-18.php" method="post">            // 定义 form 属性
        <label for="username"> 姓名 </label>           //label 为标记标记
        <input type="text" name="username">           // 文本框输入
        </br>
        <label for="password"> 密码 </label>
        <input type="password " name="password">      // 密码框输入
        </br>
        <label for="sex"> 性别 </label>
        <input type="radio" name="sex" checked="checked" value="male"> 男
                                                      // 单选按钮
        <input type="radio" name="sex" value="female"> 女
        </br>
        <label for="home"> 籍贯 </label>
        <select name="home" id="">                    // 列表选择
            <option value="Tianjin"> 天津 </option>
            <option value="Beijing"> 北京 </option>
            <option value="Shanghai"> 上海 </option>
        </select>
        </br>
        <input type="submit" value=" 注册 ">            // 表单提交按钮
        <input type="reset" value=" 重写 ">             // 表单重置按钮
        </br>
    </form>
</body>
</html>
```

表单元素 <form> 标记处增加了 action 和 method 属性。action 属性是将表单输入的内容发送到哪个 php 文件进行处理；method 属性包括 post 和 get 两种。其中，post 是从页面往服务器发送，get 是从服务器数据库取出数据。两者的典型区别就是 get 方式会将表单内容公开显示在浏览器地址栏，而 post 方式将内容进行了隐藏，不显示出来。

本例在 action 属性处设置了 3-18.php 路径，将表单输入内容发送到 3-19.php 文件进行处理，method 属性为 post。

第 2 步：编写 php 脚本语言，处理表单输入内容。

测试接收表单输入内容的 PHP 文件的代码如下，并将其保存为 3–19.php。

```
<h3>网页注册表单内容 POST 接收案例</h3>
<?php
    $username=$_POST['username'];               // 获得表单文本框输入框
    $password=$_POST['password'];               // 获得表单密码框输入值
    echo '输入的用户名:'. $username;            // 打印用户名
    echo '</br>';                               // 换行
    echo '输入的密码:'.$password;               // 打印密码
    echo '</br>';                               // 换行
    echo '输出所有接收到的内容,展示$_POST数组结构和内容:';
    var_dump($_POST);                           // 以 var_dump 方式打印
?>
```

在 PHP 中，预定义的 $_POST 变量用于收集来自 method="post" 表单中的值。从带有 POST 方法的表单发送的信息，对任何人都是不可见的（不会显示在浏览器的地址栏）。

$_POST 默认是一个关联数组变量，由键（key）、值（value）两部分组成。在接收表单 post 过来的值时，键（key）默认为表单元素的 name 属性值，如上述输入用户名的 input 表单元素，定义了 name 属性为 username，在单击"提交"按钮后，$_POST 数组变量中 username 为键，$_POST['username'] 则对应输入的值。也就是可以在 php 文件中定义用户名变量为 $username，其值可以表示为

```
$username = $_POST['username'] ;
```

同理，其他如单选、多选、多行文本输入等表单元素的值都采用这种方法获取输入值。

由此，可以测试在 3–18.php 网页注册表单中输入的内容 (图 3.34) 是否在 3–19.php 文件中接收到。

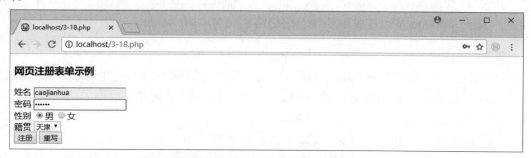

图 3.34　网页注册表单输入示例

填写完毕后单击"注册"按钮，程序就跳转到 3–19.php 文件，在浏览器呈现图 3.35 所示的内容。

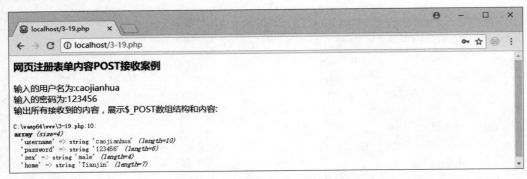

图 3.35　PHP 处理表单输入结果

从图 3.34 可以看出，在浏览器上已经准确地识别出了前述表单元素的值，而 \$_POST 是一个数组变量，把所有的表单输入均按键值对的方式存储下来。

第 3 步：将获得的表单输入数据存储到服务器的数据库中，做进一步的处理。

这一步将留到第 3.5 节 PHP 数据库操作中展示其详细过程。读者也可以直接进入第 5 节阅读相关内容。

3.4.2　PHP 会话处理

扫一扫，看微课

为什么要用到会话控制技术呢？这是因为 Web 是通过 HTTP 协议实现的，但该协议是无状态的。什么是无状态呢？就是对事物处理没有记忆功能。比如，当我们第一次遇到陌生人，首先要做自我介绍，这样对方就知道我是谁了，无状态就是这个陌生人记性不好一转身就忘了，再次相遇时他已不认识我，又得重复介绍自己。为了保持用户的登录状态，就需要会话控制技术。

常用的会话控制技术有 Cookie 和 Session。简单地说，Cookie 是通过在客户端中记录信息而确定用户身份；Session 是通过在服务器端记录信息而确定用户身份。

1.Cookie

Cookie 常用于识别用户。Cookie 是服务器留在用户计算机中的小文件。每当相同的计算机通过浏览器请求页面时，它同时会发送 Cookie。通过 PHP，能够创建并取回 Cookie 的值。

● 如何创建 cookie？

setcookie() 函数用于设置 cookie。其基本语法格式为

```
setcookie(name, value, expire, path, domain);
```

【例 20】创建名为 user 的 cookie，把它赋值 PeterCao。同时规定此 cookie 在 1 h 后过期，将代码保存为 3-20.php。

```php
<?php
```

```
        setcookie('username','caojianhua',time()+3600);
    ?>
```

📢setcookie() 函数必须位于 <html> 标记之前。

● 如何获得 Cookie 的值？

　　PHP 的 $_COOKIE 变量用于取回 cookie 的值。与 $\_POST 一样，$_COOKIE 变量也是一个预定义变量。当采用 setcookie 函数设置了 cookie 后，其 name 参数为键，value 参数为值，将以键值对数组的方式保存在 $_COOKIE 变量中。因此想读取当前 Cookie 变量的值，利用 PHP 语言读取 $_COOKIE 数组变量即可。

【例 21】PHPcookie 会话编程实例，保存代码为 3-21.php。

```
<html>
<body>
    <h3>PHP cookie 会话编程实例 </h3>
    <?php
    if (isset($_COOKIE["username"])) // 检查 cookie 中是否存在 username 值，如果不存在
        echo "Welcome " . $_COOKIE["username"] . "!<br />";// 打印出 cookie 中的 username 值
    else
        echo "Welcome guest!<br />";  // 否则打印欢迎 guest
    ?>
</body>
</html>
```

上例使用 isset() 函数来确认是否已设置了 cookie。

读者还可以使用浏览器开发者工具，即在当前网页状态下按 F12 键，在"开发者工具"选项选择 Application，在"storage 存储"选项找到 cookies，单击"localhost 机器"，右侧将显示创建过程的 cookie 参数，如图 3.36 所示。

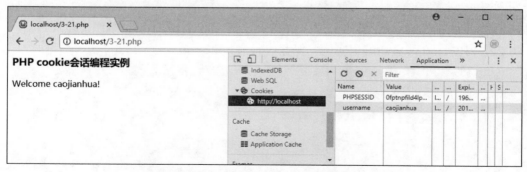

图 3.36　用浏览器开发者工具查看 Cookies 结果

● 如何删除 cookie？

当删除 cookie 时，应当使过期日期变更为过去的时间点。参考代码如下：

```php
<?php
// set the expiration date to one hour ago
 setcookie("username", "", time()-3600);
?>
```

2.Session

在计算机上操作某个应用程序时，打开它，做些更改，然后关闭它。这很像一次对话（session）。计算机知道用户是谁，它清楚在何时打开和关闭应用程序。然而，在因特网上问题出现了：由于 HTTP 地址无法保持状态，Web 服务器并不知道具体是谁，以及它具体做了什么。

PHP session 技术用于解决这个问题，它通过在服务器上存储用户信息以便随后使用（如用户名称、购买商品等）。然而，会话信息是临时的，在用户离开网站后将被删除。如果需要永久存储信息，可以把数据存储在数据库中。

Session 的工作机制：为每个访客创建一个唯一的 id (UID)，并基于这个 UID 来存储变量。UID 存储在 cookie 中，或者通过 URL 进行传导。

● 如何开启 session？

在把用户信息存储到 PHP session 中之前，首先必须启动会话。其基本用法格式为

```php
<?php session_start(); ?>
```

注释：session_start() 函数必须位于 <html> 标记之前。

● 如何使用 session？

存储和取回 session 变量的正确方法是使用 PHP $_SESSION 变量。与 $_COOKIE 一样，$_SESSION 变量也是一个数组。

存储 session 变量时，直接采用赋值语句方式：

```php
$_SESSION['username']="caojianhua";
```

如果想读取当前 session 变量的值，利用 PHP 语言读取 $_SESSION 数组变量即可。

【例 22】PHP session 会话编程实例，保存代码为 3-22.php。

```php
<?php session_start();
    $_SESSION['username']="caojianhua";
    $_SESSION['userID']="970090";
?>
<html>
<body>
    <h3>PHP session 会话编程实例 </h3>
    <?php
      if (isset($_SESSION['username']))
        echo "Welcome " . $_SESSION["username"] . "!<br />";
```

```
      else
          echo "Welcome guest!<br />";
    ?>
</body>
</html>
```

打开浏览器，在地址栏输入"http://localhost/3–22.php"，运行结果如图 3.37 所示。

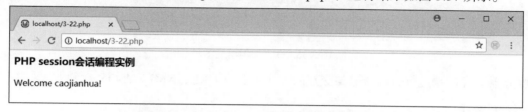

图 3.37　PHP session 变量存储取回示例运行结果

● 如何删除 session 变量？

如果希望删除某些 session 数据，可以使用 unset() 或 session_destroy() 函数。

unset() 函数用于释放指定的 session 变量，示例如下：

```
<?php
    session_start();
    if(isset($_SESSION['views']))
    {
        unset($_SESSION['views']);
    }
?>
```

也可以通过调用 session_destroy() 函数彻底销毁 session：

```
<?php
    session_destroy();
?>
```

session_destroy() 将重置 session，所有已存储的 session 数据都会被清除。

3.4.3　数据传输通信

网站典型架构为浏览器 / 服务器 (Browser/Server，B/S) 模式，如图 3.38 所示，包括表示层、应用层和数据层三个层次。表示层就是显示层，数据会在网页上显示出来；而数据的来源是数据层，网站数据均存放在数据库里；显示层与数据库无法直接传输，需要应用层来做中间控制。应用层请求获得数据库里的数据，然后将其传输到显示层并在页面上显示出来。

扫一扫，看微课

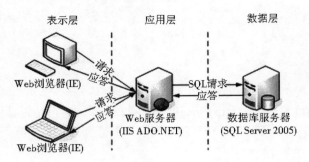

图 3.38　B/S 架构模式图

服务器与客户端进行数据传输与交互的方式主要有 URL、XML、JSON 三种方式。

1.URL 方式

URL 方式是最常用也是最直接的，包括 POST 和 GET 方法，其中 POST 方法用于向服务器端发送数据，GET 方法用于从服务器读数据。

如本节表单数据交互部分，采用的就是 POST 方法，表单数据被存储到 $_POST 数组变量中传输到服务器处理。

GET 方法：用 file_get_contents 以 get 方式获取内容。

【例 23】PHP 数据 GET 方式获取内容实例，保存代码为 3–23.php。

```php
<?php
    $url='http://www.baidu.com/';
    $html = file_get_contents($url);
    echo $html;
?>
```

打开浏览器，在地址栏输入"http://localhost/3–23.php"，运行结果如图 3.39 所示。

图 3.39　file_get_contents 函数应用运行结果

在 URL 方式中还可以代入变量传输，尤其是使用超链接方式。在接收数据时采用 GET 方式。

【例 24】PHP 数据 a 超链接方式传输数据实例，保存代码为 3-24.php。

```html
<html>
<body>
    <h3>PHP URL 超链接传输数据编程实例 </h3>
    <a href="3-25.php?userID=970090&&userAge=40"> 点我测试 </a>
</body>
</html>
```

注意 a 标记 href 属性的写法，在目标 URL 后用符号 "?" 连接参数，如果有多个参数，就用与符号 "&&" 连接。

案例中将 a 携带的参数传递给 3-25.php 文件，在 3-25.php 文件中代码如下：

```html
<html>
<body>
    <h3>PHP URL 超链接传输数据编程实例 </h3>
    <?php
        echo ' 接收数据时采用 $_GET 方法 '.'</br>';
        echo ' 接收到的数据 userID 数值为 :'. $_GET['userID'];
    ?>
</body>
</html>
```

打开浏览器，在地址栏输入 "http://localhost/3-24.php"，运行结果如图 3.40 所示。

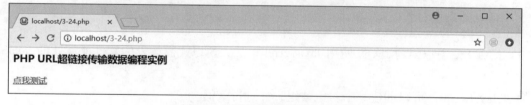

图 3.40　超链接客户端页面显示

单击页面上的 "点我测试" 超链接，将跳转至 3-25.php 文件，页面呈现的结果如图 3.41 所示。

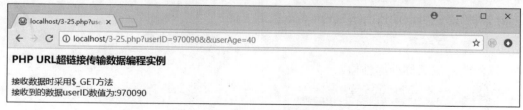

图 3.41　超链接服务器端运行结果

细心的读者可以发现，在浏览器地址栏内容和 3-24.php 文件中超链接 <a> 标记的 href 属性完全一致。这也是这种方式传递参数的一个特点，不具有隐蔽性。

2.JSON 方式

JSON 是指 JavaScript 对象表示法（JavaScript Object Notation）。目前 JSON 方式传输数据已成为前端与服务端交互的主流方式。

JSON 是轻量级的文本数据交换格式，具有自我描述性，更易理解。

JSON 使用 JavaScript 语法来描述数据对象，但是 JSON 仍然独立于语言和平台。JSON 解析器和 JSON 库支持许多不同的编程语言。

JSON 数据的书写格式：名称 / 值对。

名称 / 值对包括字段名称（在双引号中），后面写一个冒号，然后是值。

```
"firstName" : "John"
```

（1）**JSON 对象** JSON 对象在大括号中书写。

```
{ "firstName":"John" , "lastName":"Doe" }
```

（2）**JSON 数组** JSON 数组由多个 JSON 对象构成，下例表示 employees 为包括三个对象的数组。

```
{
    "employees": [
        { "firstName":"John" , "lastName":"Doe" },
        { "firstName":"Anna" , "lastName":"Smith" },
        { "firstName":"Peter" , "lastName":"Jones" }
    ]
}
```

（3）**JSON 使用** 因为 JSON 使用 JavaScript 语法，所以无需额外的软件就能处理 JavaScript 中的 JSON。

通过 JavaScript，可以创建一个对象数组，并进行赋值。

```
var employees=[ {"name":"Charls"},
                {"name":"Pter"} ]
```

在访问对象时，可以使用 JavaScript 获取值的方法。

```
employees[0].name
```

也可以修改对象名称的属性值。

```
employees[0].name="topher"
```

（4）**PHP JSON** JSON 最常见的用法之一是从 Web 服务器上读取 JSON 数据（作为文件或作为 HttpRequest），将 JSON 数据转换为 JavaScript 对象，然后在网页中使用该数据。

PHP 语言对 JSON 格式数据处理提供了 json_encode 和 json_decode 两个非常有用的函数。

json_encode 函数:将数据进行 JSON 编码。

json_decode 函数:将 JSON 编码数据进行解码,转换为 PHP 变量。

下面就这两种方式进行实例练习。

【例 25】PHP json_encode 函数实例,保存代码为 3-26.php。

```php
<?php
    $arr = array('a' => 1, 'b' => 2, 'c' => 3, 'd' => 4, 'e' => 5);
    echo json_encode($arr);
?>
```

打开浏览器,在地址栏输入" http://localhost/3-26.php",运行结果如图 3.42 所示。

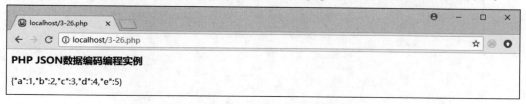

图 3.42　PHP 数组变量 JSON 编码结果示例运行结果

【例 26】PHP json_decode 函数实例,保存代码为 3-27.php。

```php
<html>
<body>
<h3>PHP JSON 数据解码编程实例 </h3>
<?php
    $json = '{"a":1,"b":2,"c":3,"d":4,"e":5}';
    var_dump(json_decode($json,true));
?>
</body>
</html>
```

打开浏览器,在地址栏输入" http://localhost/3-27.php",运行结果如图 3.43 所示。

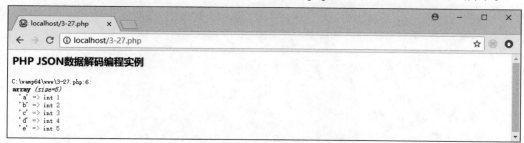

图 3.43　PHP JSON 数据解码输出结果

从两个函数的使用实例结果可以看出,json_encode 函数适合于从服务器端将获得的数组变量数据 JSON 编码成 JavaScript 对象，json_decode 函数适合于将 JavaScript 对象解码成 PHP 数组变量。

　　Ajax 是异步通信传输方式，在 1.5 节 JavaScript 里已经做了简单的介绍。这里结合 PHP 和 JSON 格式进一步熟悉 Ajax 异步通信机制和操作方式。在案例中还将使用前端的 jQuery 框架操作 DOM，因此读者需要先下载或引入 jQuery 框架。采用引用方式就需要本地机器能连接上因特网。

　　由于涉及数据传输，至少需要一个客户端，一个服务器端。本例在服务器端准备好数据，并进行 JSON 编码;然后在客户端请求获得数据，利用 Ajax 实现异步传输。

【例 27】PHP Ajax 数据传输通信实例之服务器端，保存代码为 3-28.php。

```php
<?php
    header('Content-type:application/json;charset=utf-8');
    $arr=array('id'=>1,'name'=>" 曹智峰 ","age"=>6,"hobby"=>"panio");
    echo json_encode($arr);
?>
```

　　代码第一行为 header 声明，注明类型格式为 json 格式，同时要求为 utf-8 编码字符集;第二行定义了一个 PHP 关联数组，第三行对该数组进行 JSON 编码。

　　打开浏览器，在地址栏输入" http://localhost/3-28.php"，运行结果如图 3.44 所示。

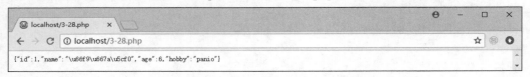

图 3.44　PHP 数组变量 JSON 编码输出结果

【例 28】PHP Ajax 数据传输通信实例之客户端，保存代码为 3-29.php。

　　客户端使用 Ajax 方式获取服务器端（3-28.php 文件）中的数据，并在页面上显示出来。这里需要应用到 jQuery 框架操作 DOM 知识，读者可以先阅读代码，然后进行测试练习。

```html
<html>
<head>
    <meta charset="utf-8">
    <script src="https://code.jquery.com/jquery-3.2.1.js"></script>
    <style>
        p{font-size: 12px;  }                    // 将段落字体设置为 12px
    </style>
</head>
<body>
<h3>PHP AJAX 数组传输编程实例 </h3>
<button id="btn"> 点击测试 </button>
```

```
<div id="div1"></div>
</body>
</html>
<script>
    $('#btn').click(function(){
        $.get('3-28.php',function(data){        //jQuery ajax get 格式用法
            var obj=data;
            var html='';
            html+='<p>获得的数据中用户号为：'+obj.numID+'</p>';
            html+='<p>获得的数据中用户姓名为：'+obj.username+'</p>';
            html+='<p>获得的数据中用户年龄为：'+obj.age+'</p>';
            html+='<p>获得的数据中用户爱好为：'+obj.hobby+'</p>';
            $('#div1').html(html);
        })
    })
</script>
```

打开浏览器，在地址栏输入"http://localhost/3-29.php"，运行结果如图 3.45 所示。

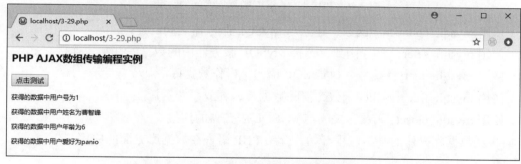

图 3.45　PHP AJAX 数组传输客户端显示结果

　　上例中综合使用了 HTML、jQuery、PHP 三种语言技术，以及 Ajax 异步通信方式，同时包括客户端和服务器端的代码编写，以及两者之间的 JSON 数据传输通信，是对前面介绍的几种语言技术的综合实践练习。本书后面有关数据库操作部分也会结合客户端页面设计来说明数据传输的机制和基本方法。

3.5　PHP 数据库操作

　　有关数据库基础知识、SQL 语言知识、MySQL 数据库管理软件、phpMyadmin 图形化数据库管理等内容在前面章节已经做了详细介绍。本节重点阐述利用 PHP 语言实现数据库的管理和

相关操作，同时在实践部分使用 phpMyAdmin 来查看数据库、数据表的变化情况。

3.5.1 概述

PHP 与 MySQL 数据库主要使用 PHP5 或者 PHP7 中自带的 mysqli 类以及 PDO 接口通信方式。本节重点介绍使用 mysqli 类，关于 PDO 接口方式有兴趣的读者可以自行查询相关材料阅读。

使用 PHP 访问 MySQL 数据库一般包括以下五个步骤，如图 3.46 所示。

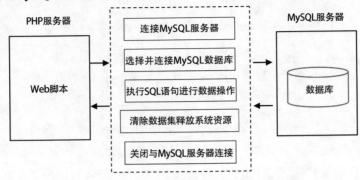

图 3.46 PHP 与 MySQL 数据库之间的联系

（1）使用 mysqli_connect( ) 函数，建立与 MySQL 服务器之间的连接。

（2）使用 mysqli_select_db( ) 函数，选择 MySQL 服务器中的数据库并与之连接。

（3）使用 mysqli_query() 函数，执行 SQL 语句，操作数据库。

（4）使用 mysqli_free_result() 函数，清除数据集，释放系统资源。

（5）使用 mysqli_close() 函数，关闭与 MySQL 服务器的连接。

下面将从数据库操作的基本流程开始，介绍 PHP 语言在数据库方面的应用。

扫一扫，看微课

3.5.2 连接 MySQL 服务器

PHP 程序在与 MySQL 服务器交互之前，需要成功连接 MySQL。这里主要使用 mysqli_connec() 函数，其具体语法格式为

```
mysqli_connect($servername, $username, $password);
```

实践时如果采用本地服务器测试，$servername 就是本机服务器，一般就用 127.0.0.1 或者 localhost，同时还需知晓本地 MySQL 服务器的用户名和密码。

【例 29】PHP 连接 MySQL 服务器，保存代码为 3–30.php。

本案例中 MySQL 服务器用户名为 root，密码为 root123。

```php
<?php
    $servername = "localhost";
    $username = "root";
```

```
$password = "root123";
// 创建连接
$conn = mysqli_connect($servername, $username, $password);
// 检测连接
if (!$conn) {
    die("Connection failed: " . mysqli_connect_error());
}
echo "连接成功";
?>
```

通过测试，按照上述设置，页面上显示连接成功。

3.5.3　创建数据库和数据表

扫一扫，看微课

在 SQL 语句中，CREATE DATABASE 语句用于在 MySQL 中创建数据库；CREATE TABLE 语句用于创建数据表。修改 3-30.php 文件，可以完成 PHP 创建数据库和数据表操作。

【例 30】PHP 创建 MySQL 数据库，保存代码为 3-31.php。

```
<?php
    $servername = "localhost";
    $username = "root";
    $password = "root123";
    // 创建连接
    $conn = mysqli_connect($servername, $username, $password);
    // 检测连接
    if (!$conn) {
        die("Connection failed: " . mysqli_connect_error());
    }
    // 创建数据库
    $sql = "create database mydb";
    if ($conn->query($sql) === TRUE) {
        echo "数据库创建成功";
    } else {
        echo "Error creating database: " . $conn->error;
    }
    // 关闭数据库
    $conn->close();
?>
```

打开浏览器，在地址栏输入"http://localhost/3-31.php"，运行结果提示创建成功。此时打开 phpMyAdmin 软件，输入用户名和密码，登录进入。查看左侧数据库列表，可以看到 mydb

已经在列表里，表明创建成功 (图 3.47)。

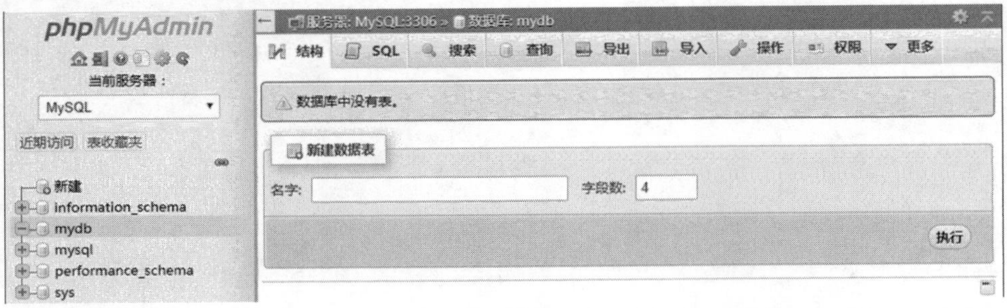

图 3.47　PHP 创建数据库运行结果

在成功创建数据库后，使用 create table 语句来创建数据表。

【例 31】PHP 创建 MySQL 数据库表，保存代码为 3–32.php。

```php
<?php
    $servername = "localhost";
    $username = "root";
    $password = "root123";
    $dbname = "mydb";
    // 创建连接
    $conn = mysqli_connect($servername, $username, $password, $dbname);
    // 检测连接
    if (!$conn) {
        die("连接失败: " . mysqli_connect_error());
    }
     // 使用 sql 创建数据表
    $sql = "CREATE TABLE MyGuests (
        id INT(6) UNSIGNED AUTO_INCREMENT PRIMARY KEY,
        username VARCHAR(30) NOT NULL,
        phone INT NOT NULL,
        email VARCHAR(50),
        reg_date TIMESTAMP
    )";
    if (mysqli_query($conn, $sql)) {
        echo "数据表 MyGuests 创建成功";
    } else {
        echo "创建数据表错误: " . mysqli_error($conn);
    }
    mysqli_close($conn);
?>
```

打开浏览器，在地址栏输入 " http://localhost/3-32.php"，运行结果提示成功创建数据表。此时打开 phpMyAdmin 软件，可以看到 mydb 数据库里存在了 myguests 表 (图 3.48)。单击表结构，也可以看到创建时定义的字段和属性。

图 3.48　PHP 创建数据表运行结果

从上述操作过程来看，新建数据库和新建数据表采用 PHP 还是非常方便的，但由于需要代码编写，很容易出错，所以在实际使用过程中还是建议采用 phpMyAdmin 软件直接图形化操作，新建数据库，新建表，定义好表的结构。剩下有关数据的插入、更新、删除、查询等操作交给 PHP 脚本语言来实现。

3.5.4　数据库的基本操作

1. 数据记录插入

上述例子在新建 myguests 表后，还没有记录。接下来采用 PHP 语言实现数据记录的新增。基本思路就是先写 SQL 插入记录语句，然后使用 mysqli 类的 query 方法执行。

【例 32】PHP 往数据库表里插入记录，将代码保存为 3-33.php 文件。

```php
<?php
    $servername = "localhost";
    $username = "root";
    $password = "root123";
    $dbname = "mydb";
    // 创建连接
    $conn = mysqli_connect($servername, $username, $password, $dbname);
    // 检测连接
    if (!$conn) {
        die("连接失败：" . mysqli_connect_error());
    }
    // 使用 sql 插入记录
    $sql="insert into myguests (username,phone,email) values
```

```
('peter',1310,'cao@tt.com')"
    $re=mysqli_query($conn, $sql);
    if ($re) {
        echo "数据表 MyGuests 新增记录成功";
    } else {
        echo "新增数据不成功：" ;
    }
    mysqli_close($conn);
?>
```

在浏览器地址栏输入"http://localhost/3-33.php"，页面显示新增记录成功。打开 phpMyAdmin 软件，选择数据库表 myguests，单击浏览就可以看到新增加的记录，如图 3.49 所示。

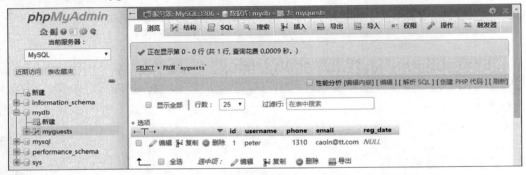

图 3.49　PHP 新增记录运行结果

这是 PHP 代码直接插入记录数据，显得比较生硬，下面加入一点交互，即使用网页表单输入，通过 PHP 脚本语言操作向数据库里插入记录。基本思路：在网页上设计表单，然后在表单上输入相应数据，单击提交上传到服务器端 PHP 进行处理，同时将处理结果反馈到网页上。因此完成这个实践，需要一个网页用于表单输入，还需要一个服务器文件，用于处理输入提交到数据库中。

【例 33】网页提交数据，PHP 往数据库表里插入记录。

页面部分：简洁表单设计，保存代码为 3-34.php。

```
<html>
<body>
    <h3>网页填写数据，php 提交数据库案例</h3>
    <form action="3-36.php" method="post">
        <label for="username">用户名</label>
        <input type="text" name="username">
        </br>
        <label for="phone">手机号</label>
        <input type="text" name="phone">
```

```
      </br>
      <label for="email"> 邮件 </label>
      <input type="text" name="email">
      </br>
      <input type="submit" value=" 提交测试 ">
    </form>
</body>
</html>
```

在浏览器地址栏输入 "http://localhost/3–34.php"，获得图 3.50 所示的结果。

图 3.50　网页表单设计效果

<form> 标记 action 属性为 3–36.php，即将数据提交到 3–36.php 文件处理，目的是将表单数据存入数据库里。后续包括数据更新、删除、查询等操作都需要用到连接数据库代码，可以将这部分连接数据库代码作为公用模块，在其他操作时引入这个模块即可。在 PHP 中引入文件的基本语法格式为

```
include 文件名
```

接下来将连接数据库部分代码存为 3-35.php，在后续的操作中只需使用 include 命令即可使用这部分代码。

```php
<?php
    $servername = "localhost";
    $username = "root";
    $password = "root123";
    $dbname = "mydb";
    // 创建连接
    $conn = mysqli_connect($servername, $username, $password, $dbname);
    // 检测连接
    if (!$conn) {
        die(" 连接失败 : " . mysqli_connect_error());
    }
?>
```

服务器端：PHP 处理表单数据并将数据插入数据库，另存为 3–36.php。

```php
<?php
    include '3-35.php';                          // 引入连接数据库文件代码
    // 获取页面表单输入数据
    $username=$_POST['username'];
    $phone=$_POST['phone'];
    $email=$_POST['email'];
    // 插入数据库表
    $sql="insert into myguests (username,phone,email) values
        ('".$username."','".$phone.",','".$email."')";
    if(mysqli_query($conn,$sql)){
        echo '新增记录成功！ ';
    }else{
        echo '新增记录不成功！ ';
    }
    mysqli_close($conn);
?>
```

测试：从图 3.50 页面表单处输入数据后单击"提交测试"按钮，返回"新增记录成功"。浏览 phpMyAdmin 软件中的数据库表，观察 ID 为 7 的记录，对比输入的结果证明确实已经成功（图 3.51）。

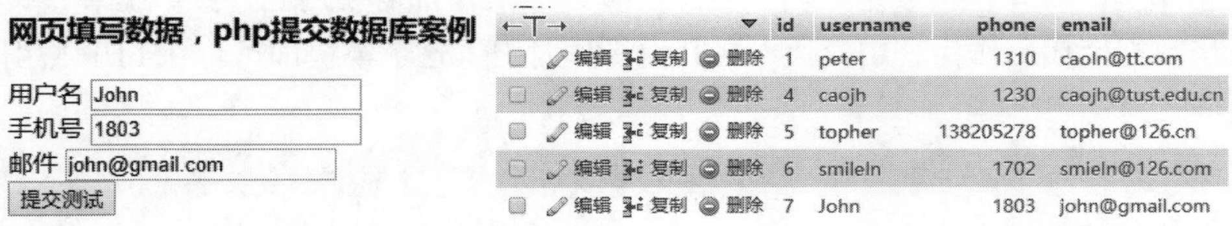

网页填写数据，php提交数据库案例

用户名 John
手机号 1803
邮件 john@gmail.com
提交测试

				id	username	phone	email
☐	编辑	复制	删除	1	peter	1310	caoln@tt.com
☐	编辑	复制	删除	4	caojh	1230	caojh@tust.edu.cn
☐	编辑	复制	删除	5	topher	138205278	topher@126.cn
☐	编辑	复制	删除	6	smileln	1702	smileln@126.com
☐	编辑	复制	删除	7	John	1803	john@gmail.com

图 3.51　表单输入与数据库中新增结果对比

2. 数据查询

数据查询是数据库最常用的操作，包括全部查询和条件查询。有关 SQL 语句在前面章节已经详细介绍过，这里重点说明使用 PHP 脚本语句来实现查询操作。与数据记录插入案例一样，我们采用更为直观的网页互动方式来实现。

数据查询的基本语法为

```
select * or 部分字段 from 数据表名 [where 条件 ] [ order by ] [limit ]
```

PHP 使用 mysqli 类实现查询，获得结果集。然后需要使用 mysql_fetch_array() 函数以数组的形式从记录集返回第一行。每个随后对 mysql_fetch_array() 函数的调用都会返回记录集中的下一行，因此使用循环语句就能获取所有记录。

【例 34】网页使用 PHP 语言查询数据表里所有记录，将代码存为 3-37.php。

```php
<?php
    include '3-35.php';                          // 导入公用 3-35.php 文件，连接数据库
    $sql="select * from myguests";               // 组装 SQL 语句
    $re=mysqli_query($conn,$sql);                // 获得查询结果集
?>
<h3> 利用表格显示数据表中的所有记录 </h3>
<table border="1">
    <tr>
        <td> 姓名 </td>
        <td> 手机号 </td>
        <td> 邮件 </td>
    </tr>
    <?php while ( $row=mysqli_fetch_array($re)) {?>   // 使用 mysqli_fetch_arrayb 函数
                                                      //    取得结果并以数组方式返回给 $row
    <tr>
        <td><?php echo $row['username'] ?></td>       // 打印 $row 数组中的 username 值
        <td><?php echo $row['phone'] ?></td>          // 打印 $row 数组中的 phone 值
        <td><?php echo $row['email'] ?></td>          // 打印 $row 数组中的 email 值
    </tr>
    <?php  }  ?>
</table>
<?php mysqli_close($conn); ?>                          // 关闭数据库连接
```

打开浏览器，在地址栏输入"http://localhost/3-37.php"，运行结果如图 3.52 所示。

图 3.52　PHP 查询数据表所有记录显示结果

上述代码中使用了 PHP 与 HTML 混合的写法，HTML 设计表格元素，PHP 负责将数据读取并显示在表格的单元格中。

如果要使用条件查询，可以先设计页面，加入一个表单（输入框和按钮）标记，在输入框中输入想查询的姓名，单击按钮时在下方显示出查询结果。

【例 35】网页使用 PHP 语言按条件查询数据表的记录，将代码存为 3-38.php。

```php
<h3> 查询显示数据表中的记录 </h3>
<form action="" method="post">
```

```
        请输入姓名查询 <input type="text" name="username" value="<?php echo $_
POST['username'];?>">
    </br>
    <input type="submit" value=" 查询 ">
    </form>
    <?php
        if(!$_POST['username']) { echo ' 还未输入姓名 ' ;} else{
        include '3-35.php';                        // 连接数据库
        $sql="select * from myguests where username like '". $_
POST['username']."'";
        $re=mysqli_query($conn,$sql);             // 获得查询结果集
    ?>
    <table border="1">
        <tr>
            <td> 姓名 </td>
            <td> 手机号 </td>
            <td> 邮件 </td>
        </tr>
        <?php while ( $row=mysqli_fetch_array($re)) {?>
        <tr>
            <td><?php echo $row['username'] ?></td>
            <td><?php echo $row['phone'] ?></td>
            <td><?php echo $row['email'] ?></td>
        </tr>
    <?php } ?>
    </table>
    <?php mysqli_close($conn); } ?>
```

打开浏览器，在地址栏输入"http://localhost/3-38.php"，在未输入内容时页面提示"还未输入姓名"，如图 3.53(a) 所示，当在文本框输入姓名 John 后，单击"查询"按钮就可以获得图 3.53(b) 所示的结果。

(a)   (b)

图 3.53　按条件查询数据记录运行结果

3. 数据修改和删除

数据修改和删除是较为常见的数据库操作。下面以 myguests 表已有记录为例,利用 PHP 脚本语言实现数据的修改和删除操作。为了便于与前述案例对比,这里采用网页互动方式。

在数据修改和删除操作部分,将练习单条指定的记录修改或删除。

数据单条记录网页交互修改的基本思路:首先页面显示所有记录,在每条记录后加入修改和删除两个超级链接,然后使用 URL 超级链接传值方式将选定记录的 id 号传入修改页面;在修改页面显示选定记录内容,并将记录内容显示在表单的文本框内,修改完成后通过表单上传到数据库对应表中。对于删除操作,在获取了选定记录 id 号后,直接利用 PHP 操作 MySQL 实现数据删除操作。

【例 36】设计修改和删除记录的页面,将代码存为 3-39.php。

```php
<h3> 修改或删除显示数据表中的记录 </h3>
<?php
    include '3-35.php'; // 连接数据库
    $sql="select * from myguests ";
    $re=mysqli_query($conn,$sql);                // 获得查询结果集
?>
<table border="1">
    <tr>
        <td> 姓名 </td>
        <td> 手机号 </td>
        <td> 邮件 </td>
        <td> 操作 </td>
    </tr>
    <?php while ( $row=mysqli_fetch_array($re)) {?>
    <tr>
        <td><?php echo $row['username'] ?></td>
        <td><?php echo $row['phone'] ?></td>
        <td><?php echo $row['email'] ?></td>
        <td><a href="3-40.php?id=<?php echo $row['id'] ?>"> 修改 </a> /
            <a href="3-41.php?id=<?php echo $row['id'] ?>"> 删除 </a>
        </td>
    </tr>
    <?php  }  ?>
</table>
<?php mysqli_close($conn);  ?>
```

在浏览器地址栏输入 "localhost/3-39.php",运行结果如图 3.54 所示。

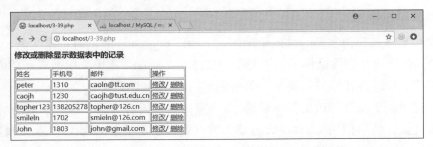

图 3.54　修改或删除数据表记录首页

单击上述修改超级链接时，就会跳转到 3–40.php 修改页面。

【例 37】PHP 修改选定记录页面，将代码存为 3–40.php。

```php
<h3> 修改数据表中的记录 </h3>
<!-- 第 1 步根据 id 读取选定记录的内容 -->
<?php
    include '3-35.php';                              // 连接数据库
    $id=$_GET['id'];                                 // 获得超级链接传过来的值
    $sql="select * from myguests where id=".$id."";  // 查询该记录
    $re=mysqli_query($conn,$sql);                    // 获得查询结果集
    $data=mysqli_fetch_assoc($re);                   // 选定记录内容以数组方式获取
?>
<!-- 第 2 步设计表单对记录修改页面 -->
<form action="" method="post">
    <table border="0">
        <tr>
            <td> 姓名 </td>
            <td> 手机号 </td>
            <td> 邮件 </td>
        </tr>
        <tr>
                <td><input type="text" name="username" value="<?php echo
$data['username']; ?>"></td>
            <td><input type="text" name="phone" value="<?php echo $data['phone'];
?>"></td>
            <td><input type="text" name="email" value="<?php echo $data['email'];
?>"></td>
        </tr>
    </table>
    <input type="submit" value=" 确认修改 ">
    <input type="reset" value=" 撤销 ">
</form>
```

```
<!-- 第 3 步在当页实现 PHP 修改选定记录操作 -->
<?php
// 往数据库发送更新操作
    if($_POST){
        $username=$_POST['username'];
        $phone=$_POST['phone'];
        $email=$_POST['email'];
        $sqlupdate= "update myguests set username='".$username."',phone='".$phone."',
            email='".$email."' where id=".$id."";
        $reupdate=mysqli_query($conn,$sqlupdate);
        if($reupdate){
            echo '更新成功！';
        }else{
            die('无法更新数据：' . mysqli_error($conn));
        }
    }
mysqli_close($conn);
?>
```

在图 3.54 中单击第一条记录后的修改链接，运行结果如图 3.55 所示。

图 3.55　修改数据表中的记录页面

对图 3.55 文本框里的内容进行修改，如将姓名下面的文本框内容 "peter" 修改为 "petercao"，然后单击 "确认修改" 按钮，很快就会返回 "修改成功" 提示。再回到图 3.54 所示的主页面刷新浏览器，重新获取数据库中的记录，可发现第一条记录的姓名确实已经修改成功，如图 3.56 所示。

修改或删除显示数据表中的记录

姓名	手机号	邮件	操作
peter	1310	caoln@tt.com	修改/ 删除
caojh	1230	caojh@tust.edu.cn	修改/ 删除
topher123	138205278	topher@126.cn	修改/ 删除
smileln	1702	smieln@126.com	修改/ 删除
John	1803	john@gmail.com	修改/ 删除

(a) 修改前

姓名	手机号	邮件	操作
petercao	1310	caoln@tt.com	修改/ 删除
caojh	1230	caojh@tust.edu.cn	修改/ 删除
topher123	138205278	topher@126.cn	修改/ 删除
smileln	1702	smieln@126.com	修改/ 删除
John	1803	john@gmail.com	修改/ 删除

(b) 修改后

图 3.56　修改记录测试

单击图 3.54 中的"删除"链接时，就会跳转到 3-41.php 对选定记录进行删除。

【例 38】PHP 删除选定记录，将代码存为 3-41.php。

```
<h3> 删除显示数据表中的记录 </h3>
<?php
    include '3-35.php';                    // 连接数据库
    $id=$_GET['id'];                       // 获得超级链接传过来的值
    $sql="delete from myguests where id=".$id.""; // 删除语句
    $re=mysqli_query($conn,$sql);          // 获得查询结果集
    if($re){
        echo '该记录成功删除！';
    }else{
        die('无法删除数据：' . mysqli_error($conn));
    }
mysqli_close($conn);
?>
```

3.6　PHP 开发综合实践

有关网站系统开发涉及的 HTML、JavaScript、PHP，以及 MySQL 的相关内容和技术本书基本上都进行了介绍，也设计了很多案例供读者练习。下面以一个网站的注册和登录模块为例，将这几门技术进行综合应用，包括 HTML 页面元素设计、jQuery 框架操作 DOM、PHP SESSION 会话、操作数据库等，使读者通过案例练习能够形成一个较为完整的技术应用流程概念。

实际练习时在 wampserver 服务器 www 目录下新建一个文件夹 webapp1，存放案例中的 HTML 和 PHP 文件。同时在 webapp1 文件夹下新建 public 目录，用于存放实例开发中要用到的 CSS 文件、jQuery 框架文件和图片资源等，如图 3.57 所示。

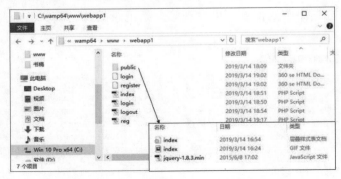

图 3.57　案例文件目录结构图

第 1 步：网页页面设计，包括首页、注册页和登录页，分别命名为 index.php、reg.html 和 login.html。

图 3.58 所示为案例设计初次访问时首页的页面，将源代码保存为 index.php，参考如下：

图 3.58　案例设计首页界面

扫一扫，看微课

```php
<?php session_start() ; ?> //开启session服务
<html>
<head>
    <meta charset="utf-8">
    <link rel="stylesheet" href="public/index.css">
</head>
<body>
<div class="box">
    <div class="header">
        <div class="hleft">
            <span> 欢迎光临吉奥科技！</span>
        </div>
        <div class="hright">
            <?php if(empty($_SESSION['username'])) { ?>// 如果session未存用户变量
            <span><a href="login.html"> 登录 </a></span> |    // 显示登录/注册链接
            <span><a href="register.html"> 注册 </a></span>
            <?php }else { ?>                              // 如果session里有用户变量
            <span> 欢迎您，<?php echo $_SESSION['username'] ?> 登录 </span>
                                                    // 提示当前用户信息
            <span><a href="logout.php"> 退出 </a></span>
            <?php  } ?>
        </div>
        <div class="clear"></div>
```

```
        </div>
        <div class="nav">
            <ul>
                <li> 公司简介 </li>.
                <li> 新闻中心 </li>
                <li> 产品中心 </li>
                <li> 人才资源 </li>
                <li> 联系我们 </li>
            </ul>
        </div>
        <div class="main">
            <img src="public/index.gif" alt=" 吉奥科技 cloud">
        </div>
        <div class="footer">
            <span>2018-2023copyright。联系方式 caoln2003@126.com</span>
        </div>
    </div>
    </body>
    </html>
```

在页面设计时使用了 PHP 的 session 会话变量，使得用户在登录后在首页显示当前用户名，显得页面比较友好。

首页的 CSS 样式文件为 index.css，保存在 public 目录下，代码如下：

```
.box{ margin:0 auto; width:600px;border:1px solid #eee;}
.header{width: 100%;height: 30px;background: #222;color:#eee;font-size:
14px;}
.hleft{float:left;margin-left: 20px;padding-top: 3px;}
.hright{float:right;margin-right: 20px;padding-top: 3px;}
a{text-decoration: none;color:#fff;}
.clear{clear:both;}
.nav{width: 100%;height: 45px;background: #f0f0f0;padding-top: 1px;}
li{list-style: none;display: inline-block;width: 100px;}
.main{text-align: center;}
.footer{ height:24px;background: #222;color:#eee; text-align: center;font-
size: 12px; }
```

注册和登录页面设计使用 HTML 元素和 CSS 样式。如图 3.59 所示的设计注册和登录页面。

(a) 注册页面　　　　　　　　(b) 登录页面

图 3.59　用户页面设计

将注册页面设计源代码保存为 register.html，具体如下：

```
<html>
<head>
<style>
    .box{ margin:0 auto; width:600px;}
    fieldset{width: 60%;background:#eee;border-radius: 10px;text-align: center; }
    input{   margin:10px;width: 120px;    }
    .reg{height:30px;width:80px;background: #f90;border:0;}
</style>
<script src="public/jquery-1.8.3.min.js"></script>
</head>
<body>
    <div class="box">
    <h3> 用户注册页面 </h3>
    <fieldset>
        <legend> 注册 </legend>
        <form action="reg.php" method="post">
            <label for="username"> 输入姓名 :</label>
            <input type="text" name="username">
            </br>
            <label for="name"> 输入密码 :</label>
            <input type="password" name="userpwd">
            </br>
            <label for="name"> 重复输入密码 :</label>
            <input type="password" name="userpwd2">
            </br>
            <label for="name"> 输入手机号码 :</label>
            <input type="text" name="phone">
            </br>
            <input type="submit" value=" 注册 " class="reg">
```

```
            <a href="login.html"><input type="button" value=" 已注册？请登录 "></a>
        </form>
    </fieldset>
    </div>
</body>
</html>
<script>
    $('.reg').click(function(){                              // 单击 reg 按钮时触发
        var username=$('input[name=username]').val();        //jQuery 技术获取输入值
        var userpwd=$('input[name=userpwd]').val();
        var userpwd2=$('input[name=userpwd2]').val();
        var phone=$('input[name=phone]').val();
        if(username.length==0){
            $('input[name=username]').attr('placeholder',' 姓名不能为空 ');
            return false;
        }
        if(userpwd.length==0){
            $('input[name=userpwd]').attr('placeholder',' 密码不能为空 ');
            return false;
        }
        if(userpwd2 != userpwd){
            $('input[name=userpwd2]').attr('placeholder',' 两次输入密码不一致 ');
            return false;
        }
        if(phone.length==0){
            $('input[name=phone]').attr('placeholder',' 手机号不能为空 ');
            return false;
        }
    })
</script>
```

代码中使用了 jQuery 框架进行表单输入验证。表单填写完后，单击"注册"按钮会跳转到 reg.php，该文件用于 PHP 处理用户注册信息，即将表单信息插入数据库中。

将登录页面设计源代码另存为 login.html，具体如下：

```
<html>
<head>
<meta charset="utf-8">
<style>
    .box{ margin:0 auto; width:600px;}
    fieldset{width: 60%;background:#eee;border-radius: 10px;text-align: center; }
```

```
input{   margin:10px;width: 120px;     }
   .login{height:30px;width:80px;background: #f90;border:0;}
</style>
<script src="public/jquery-1.8.3.min.js"></script>
</head>
<body>
<div class="box">
   <h3> 用户登录页面 </h3>
   <fieldset>
      <legend> 登录 </legend>
      <form action="login.php" method="post">
         <label for="username"> 输入姓名 :</label>
         <input type="text" name="username"></br>
         <label for="name"> 输入密码 :</label>
         <input type="password" name="userpwd"></br>
         <input type="submit" value=" 登录 " class="login" id="btnlog">
      <a href="reg.html"><input type="button" value=" 没有账号？请注册 "></a>
      </form>
   </fieldset>
</div>
</body>
</html>
<script>
   $('#btnlog').click(function(){
      var username=$('input[name=username]').val();
      var userpwd=$('input[name=userpwd]').val();
      if(username.length==0){
         $('input[name=username]').attr('placeholder',' 姓名不能为空 ');
         return false;
      }
      if(userpwd.length==0){
         $('input[name=userpwd]').attr('placeholder',' 密码不能为空 ');
         return false;
      }
   })
</script>
```

表单填写完后，单击"登录"按钮会跳转到 login.php，该文件用于 PHP 处理用户登录信息，即将表单信息与数据库中已有记录进行对比，如果存在该信息就可以正常登录。

第 2 步：创建数据库、新建表和表的结构。

扫一扫，看微课

登录本地服务器安装的 phpMyAdmin 软件，新建数据库为 company，同时新建表名为 user，定义 4 个字段，分别为 ID、username、userpwd、phone。图 3.60 所示为在 phpMyAdmin 中新建的 user 表结构。

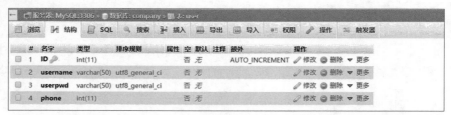

图 3.60　通过 phpMyAdmin 软件新建数据库、数据表及其结构

第 3 步：用户注册登录处理，包括注册处理 reg.php 文件。

从首页单击右上角的"注册"，链接到 reg.hmtl 注册页面。在 reg.html 页面填写表单信息后单击"注册"按钮就跳转到注册处理 reg.php 文件。

基本思路就是先用 PHP 连接数据库和数据表，然后将从网页传过来的表单信息插入数据库 user 表中。

扫一扫，看微课

注册处理具体代码（**reg.php**）参考如下：

```php
<?php
    $servername = "localhost";
    $root = "root";
    $password = "root123";
    $dbname = "company";
    // 创建连接
    $conn = mysqli_connect($servername, $root, $password, $dbname);
    // 检测连接
    if (!$conn) {
        die("连接失败: " . mysqli_connect_error());
    }
    // 接收表单信息
    $username=$_POST['username'];
    $userpwd=$_POST['userpwd'];
    $phone=$_POST['phone'];
    // 使用 sql 插入记录
    $sql = "insert into user (username,userpwd,phone)
    values('".$username."','".$userpwd."','".$phone."')";
    $re=mysqli_query($conn, $sql);
    if ($re) {
        echo "用户注册成功";
    } else {
```

```
        echo "用户注册不成功："；
    }
    mysqli_close($conn);
?>
```

第 4 步：用户登录处理，包括登录处理 login.php 文件和退出 logout.php 文件。

在首页右上角单击"登录"按钮，就链接到 login.html 页面文件，在页面表单中输入用户名和密码单击"登录"按钮就跳转到登录处理 login.php 文件。

扫一扫，看微课

基本思路就是将从网页传过来的表单信息与数据库 user 表中的记录进行比对，如果表单中的用户名和密码信息在数据库中存在，那就提示登录成功，否则提示检查输入信息是否正确。在查看是否存在时采用查询语句，并对结果集使用 mysqli_fetch_row() 函数检查是否返回真值，如果返回值为"真"，则提示登录成功。

登录处理具体代码（login.php）参考如下：

```php
<?php
    session_start();
    $servername = "localhost";
    $root = "root";
    $password = "root123";
    $dbname = "company";
    $conn = mysqli_connect($servername, $root, $password, $dbname);
    if (!$conn) {
        die("连接失败： " . mysqli_connect_error());
    }
    $username=$_POST['username'];
    $userpwd=$_POST['userpwd'];
    $sql = "select * from user where username='".$username."' and
    userpwd='".$userpwd."'";
    $re=mysqli_query($conn, $sql);
    if (mysqli_fetch_row($re)) {
        $_SESSION['username']=$username;
        echo "<script>alert('用户注册成功，请登录');</script>";
        header("location:login.html");           //header 函数用于跳转到指定页面
    } else {
        die("请检查用户名和密码是否有误");
    }
mysqli_close($conn);
?>
```

在登录后首页右上角提示欢迎用户信息，同时也有退出选项。单击"退出"按钮就链接到

logout.php 处理文件。

基本思路就是将 session 变量中存储的用户信息清除。

退出处理具体代码（logout.php）参考如下：

```php
<?php
    session_start();
    $_SESSION['username']='';
    header('location:index.php');
?>
```

第 5 步：注册登录测试。

（1）首页初次访问测试 在浏览器地址栏中输入"localhost/webapp1/index.php"，如图 3.61 所示，单击"登录"按钮，可跳转到登录页面，单击"注册"按钮，可跳转到注册页面。

图 3.61　案例首页页面测试

（2）注册和登录测试 在注册页面填入信息注册成功后进入登录页面，然后在登录页面输入相应信息后，直接跳转回首页，可以看到首页右上角已经出现了用户信息（图 3.62）。

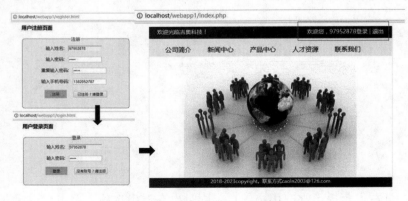

图 3.62　案例注册和登录测试

第 4 章 CodeIgniter 敏捷开发框架

　　基于 PHP 编写的 CodeIgniter 框架简洁而优美，小巧而强大，实用而且可扩展性强。其典型的 MVC 架构设计可培养使用者良好的系统设计思维和团结协作精神。本章从 CodeIgniter 框架目录结构、安装部署、基础类库、自定义扩展、实践应用等方面内容介绍 CodeIgniter 框架敏捷开发特点和使用过程，同时设计了实战案例供读者学习。

在第 3 章 PHP 综合开发案例中，页面设计 HTML 文件用于客户端显示，服务器脚本 PHP 文件用于处理业务逻辑以及操作数据库，很明显 PHP 的任务比较重。当网站系统业务量增大、页面增多时，整个站点文件就会非常混乱，层次结构不清晰，严重影响网站开发的效率。而且网站开发技术不可复用，每个新的任务都得从头开始设计业务逻辑，组建相关模型，给开发者带来很多不便。为了解决这类问题，通用网站开发框架技术应运而生。

通用 Web 开发框架是整个或部分系统的可重用设计，它规定了应用的体系结构，阐明了整个设计、协作构件之间的依赖关系、责任分配和控制流程，表现为一组抽象类以及其实例之间协作的方法。简单理解框架就是某种应用的半成品，就是一组组件，供开发者选用完成自己的系统。从应用角度来说，开发框架就是模板化的代码，它会帮开发人员实现很多基础性的功能，而开发者只需要专心实现所需要的业务逻辑就可以了。

目前网站开发主流语言如 Java、PHP、ASP、Python 等都有许多通用开发框架，各有特色，也各有优势，有的适于中小型网站系统开发，有的在大型企业级系统开发方面有优势，给开发者带来了很多便捷。而且绝大多数框架技术都是开源免费的，好的框架还有社区、开发者一起维护更新，大大推动了技术的发展，也为实际应用方面提供了更好的选择。

PHP 语言易学易用，广受网站开发者青睐，也一直是网站开发主流选用语言之一。PHP 通用开发框架的种类众多，包括 Lavarel、Yii2、ThinkPHP、EasyPHP、cakePHP、Zend Framework、CodeIgiter 等。在此不对其他框架技术进行介绍，也不做应用对比分析，有兴趣的读者可以自行百度。本书将重点关注 CodeIgniter 框架。

CodeIgniter 框架快速简洁，没有花哨的设计模式，没有华丽的对象结构，一切都是那么简单。本章将从 CodeIgniter 设计基本思想、安装与部署、框架结构、主要类库等基本知识和技术加以介绍，并在其中设计实际案例，读者可以边学边操作，快速掌握使用 CodeIgniter 框架开发网站。

4.1　CodeIgniter 概述

4.1.1　CodeIgniter 框架简介

1.CodeIgniter 版本

CodeIgniter 框架是由 code 和 igniter 组合而成，其中 code 翻译成汉语就是"代码"，而 igniter 翻译成汉语就是"点火器"，所以 CodeIgniter 框架（简称 CI 框架）的 logo 就是一个小火苗。有"点亮你的代码"之意，体现了框架开发者的一种情怀和愿景。

CI 框架源自于 2006 年，由 Ellislab 公司的 CEORickEllis 开发。2006 年推出 1.0 测试版，而

后在开发者团队和社区共同努力下，CI 框架在 2009 年版本升级为 2.0，在 2015 年升级到 3.0。据官网消息，CI 框架 4.0 也将很快发布。

本书将使用 CI 框架 3.1.10 版，相关的案例也在该版本上运行测试。

2.CodeIgniter 官网

CI 框架官网上提供了下载地址、文献手册、社区论坛等，材料非常丰富，全英文界面。

用户也可以直接访问其国内网站，上面提供的文献手册、论坛等都是中文的（图 4.1），比较适合初学者或者 PHP 爱好者学习。

图 4.1　CodeIgniter 框架官网首页

3. CodeIgniter 特点

CodeIgniter 推崇"简单就是美"这一原则，可谓是"大道至简"的典范，具体的"简"体现在以下几方面：

- 安装部署简单，几乎零配置；
- 代码简洁而优雅，执行性能高；
- 兼容各种 PHP 版本和配置，无需额外添加扩展；
- 无需使用命令行操作，省却了很多烦恼；
- 典型的 MVC 设计理念和模式，实现敏捷开发。

CodeIgniter 简约而不简单，小巧且功能强大，有丰富的类库，有清晰完整的文档，有活跃的社区，版本也不断迭代更新，而且免费开放源代码，非常适合中小型网站系统开发。

4.1.2　MVC 设计思想

大部分用过程语言比如 ASP、PHP 等开发出来的 Web 应用，初始的开发模板就是混合层的数据编程，如本书第 3 章相关实践案例。例如，直接向数据库发送请求并用 HTML 显示，开发速度往往比较快，但由于数据页面的分离不是很直接，因而很难体现出业务模型的样子或者模型的重用性。而且写好的数据模型重用性弱，每个业务都需要重新设计对数据库的访问。另外，产品设计弹性力度很小，很难满足用户的变化性需求。在开发中大型项目时，就需要一种合理的软件设计架构，使得开发者能够实现应用分层，业务和视图分离，产品结构变得清晰，最重要的是模型可以重用能大大提高开发效率。其中一种设计思想就是 MVC 架构。

1. 什么是 MVC？

MVC (Model View Controller) 把一个应用的输入、处理、输出流程按照 Model(模型)、View(视图)、Controller(控制器) 的方式进行分离，这样一个应用被分成模型层、视图层、控制层三个层，如图 4.2 所示。

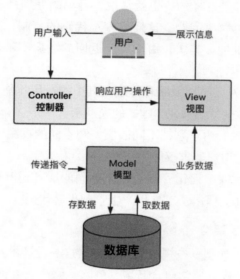

图 4.2　MVC 设计架构图

视图 (View)：代表用户交互界面，对于 Web 应用来说，可以概括为 HTML 界面，但有可能为 XHTML、XML 和 Applet。随着应用的复杂化和规模化，界面的处理也变得具有挑战性。一个应用可能有很多不同的视图，MVC 设计模式对于视图的处理仅限于视图上数据的采集和处理，以及用户的请求，而不包括在视图上的业务流程的处理。业务流程的处理交予模型 (Model) 处理。比如一个订单的视图只接受来自模型的数据并显示给用户，以及将用户界面的输入数据和请求传递给控制和模型。

模型 (Model)：就是业务流程 / 状态的处理，以及业务规则的制定。业务流程的处理过程对其他层来说是黑箱操作，模型接受视图请求的数据，并返回最终的处理结果。业务模型的设计可以说是 MVC 最主要的核心。业务模型还有一个很重要的模型，即数据模型。数据模型主要指实体对象的数据保存（持续化）。比如将一张订单保存到数据库，从数据库获取订单。可以将这个模型单独列出，所有相关数据库的操作只限制在该模型中。

控制器 (Controller)：可以理解为从用户接收请求，将模型与视图匹配在一起，共同完成用户的请求。划分控制层的作用也很明显，它就是一个分发器，选择什么样的模型，选择什么样的视图，可以完成什么样的用户请求。控制层并不做任何的数据处理。例如，用户单击一个连接，控制层接受请求后，并不处理业务信息，它只把用户的信息传递给模型，告诉模型做什么，选择符合要求的视图返回给用户。因此，一个模型可能对应多个视图，一个视图可能对应多个模型。

MVC 设计具有如下优点：

● 具有多个视图对应一个模型的能力。在目前用户需求快速变化的情况下，可能有多种方式访问应用的要求。例如，订单模型可能有本系统的订单，也可能有网上订单，或者其他系统的订单，但对于订单的处理都是一样的，也就是说，订单的处理是一致的。按 MVC 设计模式，一个订单模型和多个视图即可解决问题。这样减少了代码的复制，减轻了代码的维护量，而且一旦模型发生改变，也易于维护。其次，由于模型返回的数据不带任何显示格式，因此这些模型也可直接应用于接口的使用。

● 由于一个应用被分离为三层，因此有时改变其中的一层就能满足应用的改变。一个应用的业务流程或者业务规则的改变只需改动 MVC 的模型层。

● 控制层的概念也很有效，由于它把不同的模型和不同的视图组合在一起完成不同的请求，因此，控制层可以说是包含了用户请求权限的概念。

● MVC 设计还有利于软件工程化管理。由于不同的层各司其职，每一层不同的应用具有某些相同的特征，有利于通过工程化、工具化产生管理程序代码。

2. CodeIgniter 基于 MVC 架构

CodeIgniter 框架就是基于模型——视图——控制器这一设计模式的。

模型 (Model) 代表数据结构，通常包含新增、删除、修改、查询（CRUD）操作数据库数据功能。

视图 (View) 是展示给用户的页面，一个视图通常是一个网页，但是在 CodeIgniter 中，一个视图也可以是一个页面片段，如页头、页尾。它还可以是一个 RSS 页面，或任何其他类型的"页面"。

控制器 (Controller) 是模型、视图和其他任何处理 HTTP 请求所必须资源之间的中介，并生成网页。CodeIgniter 在 MVC 应用上非常宽松，因此模型不是必需的。如果不需要使用这种分离方式，或是发现维护模型比想象中的复杂得多，也可以不用理会而创建自己的应用程序，并最少化使用控制器和视图。CodeIgniter 也可以和现有的脚本合并使用，或者允许用自行开发此系统的核心库。

4.1.3 CodeIgniter 框架应用流程

CI 框架在应用时的流程和使用的技术架构如图 4.3 所示。

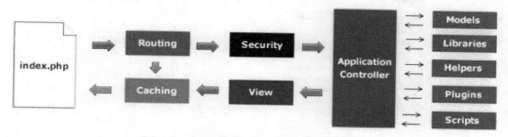

图 4.3 CI 框架应用程序流程和技术架构图

（1）index.php 作为网站入口文件，也是前端控制器，访问它时将初始化运行 CodeIgniter 所需要的基本资源。

（2）路由（Routing）检查 HTTP，简单理解就是确定前端控制器指向哪个控制函数。在 MVC 模式下，URL 通常指向的都是控制器里的函数，如 URL 为 index.php/Home/welcome，就是指向 Home 控制器下的 welcome 方法。

（3）如果缓存 (Cache) 文件存在，它将绕过通常的系统执行顺序，直接发送给浏览器。

（4）安全 (Security)。应用程序控制器 (Application Controller) 装载之前，HTTP 请求和任何用户提交的数据将被过滤。

（5）在安全要素确定后，开始进入控制器，控制器 (Controller) 装载模型、核心库、插件、辅助函数，以及任何处理特定请求所需的其他资源。

（6）最终视图 (View) 渲染发送到 Web 浏览器中的内容。如果开启缓存 (Caching)，视图首先被缓存，所以将可用于以后的请求。

4.1.4 CodeIgniter 安装与部署

CodeIgniter 官网上提供了最新版本的下载，单击首页的下载链接，就可以将版本的压缩包下载到本地磁盘，这里选择 3.1.10 版本。单击压缩包可以看到大小为 2.7 MB，非常小，对比其他语言开发框架安装包，真正做到了轻量级，非常节约磁盘空间。而且无需环境变量配置，直接将压缩包解压就完成安装。

扫一扫，看微课

将 CodeIgniter–3.1.10.zip 压缩包解压至 Wampserver 服务器的 www 目录下，解压时选择解压至 CodeIgniter–3.1.10 文件夹。为了便于后续操作，将 CodeIgniter–3.1.10 文件夹名修改为 ciapp(图 4.4)。文件夹可以按照自己的意愿任意命名，不过建议做到见名知意，易记即可。另外，如果在 www 目录下不需要部署其他文件夹，也可以直接将 CodeIgniter–3.1.10.zip 解压到 www 目录下。注意本书所描述的安装步骤都是在 Windows 环境下进行的。如果是 Linux 操作系统，就需要使用上传工具上传至服务器目录下。

图 4.4　CI 框架下载与安装

打开 ciapp 文件夹，可以看到整个框架的文件结构，如图 4.5 所示。

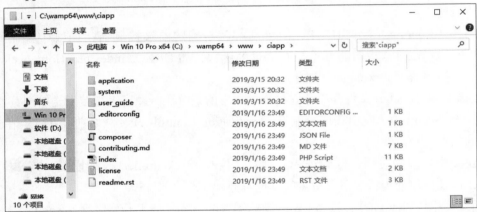

图 4.5　CI 框架文件结构

关于文件目录，简要介绍如下。

● application 文件夹：开发者编写应用的文件夹，后面会详细介绍；

● system 文件夹：框架的代码文件，包括核心文件、数据库类、辅助类库等；

● user_guide：框架使用说明手册；

● composer.json：包管理有关的文件；

● contributing.md：一个 markdown 格式的说明文件；

● index.php：框架访问统一入口；

● license.txt：版权说明文件；

● readme.rst：一个说明文件。

打开 system 文件夹，可以看到 CI 框架核心目录，包括核心代码、数据库类、字体、辅助类、语言类和内置类库。单击核心代码 core 文件夹，里面就有框架所用控制器类（Controller）、

模型类 (Model)、路由类 (Router)、配置类 (Config)、异常类 (Exceptions)、日志类 (Log)、安全类 (Security)、输入 (Input)、输出 (Output) 等类文件，如图 4.6 所示。

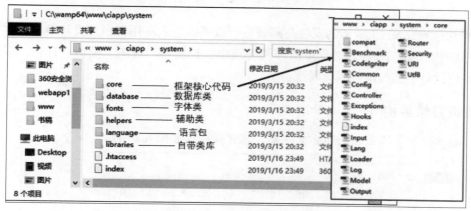

图 4.6　CI 框架 system 文件夹目录结构

感兴趣的读者可以打开 core 文件夹中的其中一个 php 文件，如 controller.php 为基控制器类，使用网页编辑器 sublime 打开源代码阅读。主要以面向对象方式编程，以类的形式为主结构。开发者在 application 文件夹编写自己的控制器代码时，只要使用类的继承方式就可以调用父类来控制类的相关成员函数。同时源代码还可以修改扩展，按需增加功能模块，重写控制器。由此也可以看出，CI 框架主体结构比较完善，同时也有相当高的自由度，既适用于初学者，也适合 PHP 熟练开发者。

然后部署框架。启动 Wampserver 服务，在浏览器地址栏输入 url 路径 "http://localhost/ciapp"，出现图 4.7 所示的界面时就表明框架安装成功了。

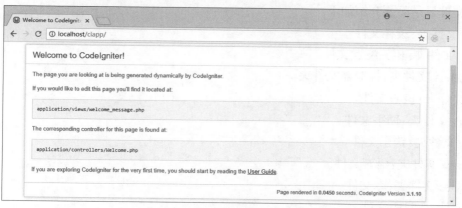

图 4.7　CodeIgniter 框架启动首页

从本小节来看，只需要将压缩包解压至 www 文件夹下就完成了 CI 框架的安装与部署，无需配置任何环境变量与参数，也无需命令行操作，真正体现了 CI 框架的 "简而有道" 的特征。

4.2　CodeIgniter 基础

在简单快速地完成 CI 框架的安装与部署后，就可以进入应用程序开发环节了。本节将从框架应用目录结构开始，对开发过程中所涉及的路由、控制器、视图、模型、日志、缓存等逐一介绍，同时也设计了实践案例供读者练习。

4.2.1　应用目录结构

进入 ciapp 目录下的 application 文件夹，其文件结构如图 4.8 所示。

图 4.8　application 目录结构

相关文件目录简要介绍如下。

cache 文件夹：缓存文件。

config 文件夹：相关配置文件。

controllers 文件夹：控制器文件夹。

core 文件夹：核心文件。

helpers 文件夹：助手文件。

hooks 文件夹：钩子文件。

language 文件夹：语言文件。

libraryies 文件夹：库文件。

logs 文件夹：日志文件。

models 文件夹：模型文件。

third_party 文件夹：第三方程序包文件。

views 文件夹：视图文件。

.htaccess：分布式控制文件。

index：防遍历的空文件。

细心的读者可以去查看这些文件夹下 config 配置目录下有许多初始配置文件，除了 controllers、views 下有 welcome 首次示例文件外，其他的初次加载时都是空文件。实际上对于一般网站系统的开发，大多数情况下也主要是在 controllers、views 和 model 文件夹下编写文件，即做好 MVC 的业务逻辑搭配，其他的基本保持不动，除非是熟练的 PHP 开发人员需要有针对性地编写一些继承类或者扩展模块。

在未做任何改动之前，CI 框架文件夹实际上已经是一个动态的 welcome 网站目录了。接下来对这个最基本的 welcome 网站进行剖析，让读者熟悉 CI 框架的 MVC 设计架构及网站的动态运行流程 (图 4.9)。

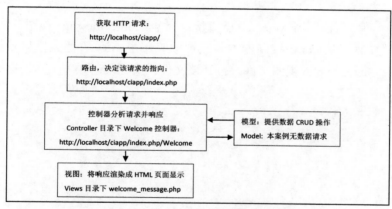

图 4.9　Welcome 网站动态响应流程

CI 框架并不处理静态的 HTML 及其对应的 URL，它是动态的。

第 1 步：获取 HTTP 请求。当在浏览器地址栏输入"http://localhost/ciapp"路径时，也就是给服务器发送一个 HTTP 请求，标准格式为 GET /folder/file.html HTTP/1. 0。其中 GET 是请求的类型，HTTP/1.0 指定 HTTP 协议的版本，中间是相对路径和文件名。但是在 CI 网站上，找不到简单的静态 HTML 文件。取代它的是所有的联入请求被 index.php 文件拦截并进行处理。

第 2 步：路由指向控制器。在 CI 框架里，index.php 是统一入口文件，由它来决定路由指向。也就是说，它的作用就像一个路由器，由它来决定调用哪个控制器然后返回一个视图。初次安装时网站默认路由指向 Welcome 控制器，因此路由 URL 默认为 http://localhost/ciapp/index.php/Welcome。

第 3 步：控制器调配模型，然后装载视图。打开 Welcome 控制器，就是 controllers 目录下的 Welcome.php 文件，其源代码如下（这里源代码注释部分省略）：

```php
<?php
defined('BASEPATH') OR exit('No direct script access allowed');    // 定义根路径
class Welcome extends CI_Controller {              // 继承基控制器类
    /***Index Page for this controller. **/
    public function index()                        //index 首选方法
    {
        $this->load->view('welcome_message');      //load 方法调用视图
    }
}
```

Welcome 类继承了 CI_Controller 父类，同时有一个默认的成员 index 方法，这个方法将调用装载 view 视图。$this->load->view('welcome_message') 使用装载器载入一个视图 welcome_message。可以看到该控制器方法中没有 model 模型，也就是没有对数据模型的处理请求，只有一个视图装载。

对于 welcome 网站，控制器 welcome 就直接返回 welcome_message 视图。

第 4 步：视图渲染。Welcome 控制器中装载视图时用了 view 方法，框架默认指向 Views 文件夹下的 welcome_message.php 视图文件。打开该文件，其源代码如下（本处有删减）：

```php
<?php
    defined('BASEPATH') OR exit('No direct script access allowed');
?>
<!DOCTYPE html>
<html lang="en">
<head>
    <meta charset="utf-8">
    <title>Welcome to CodeIgniter</title>
    <style type="text/css">
        body { background-color: #fff;margin: 40px; color: #4F5155;}
    </style>
</head>
<body>
<div id="container">
    <h1>Welcome to CodeIgniter!</h1>
    <div id="body">
        <p>The page you are looking at is being generated dynamically by
CodeIgniter.</p>
        <p>If you would like to edit this page you'll find it located at:</p>
        <code>application/views/welcome_message.php</code>
        <p>The corresponding controller for this page is found at:</p>
        <code>application/controllers/Welcome.php</code>
```

```
        <p>If you are exploring CodeIgniter for the very first time, you should
start by reading the <a href="user_guide/">User Guide</a>.</p>
    </div>
     <p class="footer">Page rendered in <strong>{elapsed_time}</strong>
seconds. <?php echo (ENVIRONMENT === 'development') ? 'CodeIgniter Version
<strong>' . CI_VERSION . '</strong>' : '' ?></p>
    </div>
    </body>
    </html>
```

可以看到，该文件由 HTML 构成，同时嵌入了部分 PHP 脚本代码。

通过上述 welcome 网站的流程分析可以看出，整个 MVC 架构非常清晰，也非常简洁。默认路由控制器 welcome 可以修改自定义的控制器，具体方法是在 application 程序文件夹 config 目录下找到 router 文件，将其打开。

```
<?php
    defined('BASEPATH') OR exit('No direct script access allowed');      // 统一入
口文件
    $route['default_controller'] = 'welcome';                 // 默认控制器为 welcome
    $route['404_override'] = '';
    $route['translate_uri_dashes'] = FALSE;
```

将默认控制器 $route['default_controller'] 语句中的 welcome 修改为自定义的名称，就可以让 index.php 路由时指向自定义的控制器。

因此修改了默认控制器后，在自定义控制器中添加方法，views 目录中添加相应的 HTML 视图，就可以设计出自己想要的网站。

扫一扫，看微课

【例 1】设计一个 hello 网站，本章后续案例还会使用该网站框架。

第 1 步：修改默认控制器名称为"hello"。

```
<?php
    defined('BASEPATH') OR exit('No direct script access allowed');
    $route['default_controller'] = 'hello';              // 修改默认控制器为 hello
    $route['404_override'] = '';
    $route['translate_uri_dashes'] = FALSE;
```

第 2 步：在 Controllers 目录中添加一个 Hello 控制器（即 Hello.php），并写入默认的 index 方法，装载视图为 hello。控制器代码可以参考 Welcome 源代码。注意，这里类名必须首字母大写。

```
<?php
    defined('BASEPATH') OR exit('No direct script access allowed');
    class Hello extends CI_Controller {                 // 类名为 Hello，继承基控制器
      /**  * Index Page for this controller. **/
```

```
        public function index()                           // 默认 index 方法
        {
            $this->load->view('hello');                   // 装载 hello 视图
        }
    }
```

第 3 步：在 Views 目录中添加 hello.php 文件，在其中写入代码，参考如下：

```
<html>
<body>
    <h3>hello 网站示例</h3>
    <?php echo 'hello,world!' ;?>
</body>
</html>
```

第 4 步：打开浏览器，在地址栏输入"http://localhost/ciapp"，运行结果如图 4.10 所示。

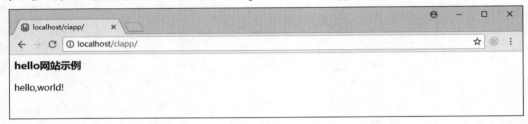

图 4.10　自定义 hello 网站示例

第 5 步：在控制器 Hello 类中添加一个方法 test，直接装载视图 me.php 文件。在第 2 步基础上稍加修改即可。

```
<?php
defined('BASEPATH') OR exit('No direct script access allowed');
class Hello extends CI_Controller {

    /**  * Index Page for this controller. **/
    public function index()                    // 默认首选方法
    {
        $this->load->view('hello');            //$this 访问基控制器
    }

    public function test(){                    // 自定义 test 方法
        $this->load->view('me');               // 装载视图 me
    }
}
```

第 6 步：在 Views 目录中添加 me.php 文件，在其中写入代码，参考如下：

```
<html>
<body>
    <h3>自定义控制器方法示例</h3>
    <?php echo '我的名字叫曹鉴华'; ?>
</body>
</html>
```

第 7 步：打开浏览器，在地址栏输入"http://localhost/ciapp/index.php/hello/test"，运行结果如图 4.11 所示。

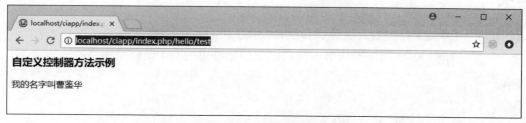

图 4.11　自定义控制器方法网站示例

4.2.2　URL 与控制器

1.URL

统一资源定位符（Uniform Resource Locator，URL）是对可以从互联网上得到的资源的位置和访问方法的一种简洁表示，是互联网上标准资源的地址。基本 URL 包含模式（或称协议）、服务器名称（或 IP 地址）、路径和文件名。如：http://www.baidu.com/news/news.html，就是一个标准的 URL，其中 HTTP 为协议，www.baidu.com 为域名（也对应有 IP 地址），news/news.html 就是在服务器根目录 news 文件夹下的 news.html 文件。此时访问的地址就是可以解释为通过 HTTP 协议读取百度服务器 news 目录下的 news.html 文件。这个文件的内容就会通过浏览器将其渲染显示在页面上，成为我们看到的网页。

对于 CI 框架，如上例在访问 hello 网站时，在地址栏里输入的 URL 为 http://localhost/ciapp/index.php/hello/test。其格式分析如下：

http://localhost/ciapp/index.php/hello/test

协议　　域名　　　入口文件　控制器　方法

即协议 // 域名 / 入口文件 / 控制器名 / 方法。

因此如果 URL 为 http://localhost/ciapp/index.php/hello/input，就是执行 hello 控制器里的 input 方法。

2. 控制器

控制器就是网站业务逻辑的组织者，也是 Web 应用程序处理请求的核心，有时候称为超级对象。和其他的 PHP 类一样，可以在控制器中使用 $this 来访问它，通过 $this 可以加载类库、视图，以及针对框架的一般性操作。

上面两个示例都是通过控制器装载视图，然后呈现在网页上的。

控制器可以传递变量到视图，主要方式是将数据变量存储到 $data 数组变量里，然后将 $data 变量与视图文件一起装载，页面端就可以接收这个 $data 变量，读取其中的数据变量，并将其显示出来。

扫一扫，看微课

【例 2】控制器方法传递参数，使用 hello 网站案例代码。

如将 hello 网站案例第 5 步自定义控制器里的 test 函数稍加修改。

```php
<?php
defined('BASEPATH') OR exit('No direct script access allowed');
class Hello extends CI_Controller {
    /** * Index Page for this controller. **/
    public function index()
    {
        $this->load->view('hello');
    }
    public function test(){
    $data['age']=40;                // 定义一个 age 变量并将其赋值为 40
        $data['gender']="male";     // 定义个 gender 变量并将其赋值为 male
        $this->load->view('me',$data);      // 将变量数组 $data 传递到 me 视图
    }
}
```

在第 6 步 views 目录下的 me.php 文件稍加修改。

```php
<html>
<body>
    <h3>自定义控制器方法传递变量示例</h3>
    <?php echo '我的年龄 '.$age; ?></br>       // 读取传递的 age 变量
    <?php echo '我的性别 '.$gender; ?>         // 读取传递的 gender 变量
</body>
</html>
```

然后重复第 7 步，在浏览器地址栏输入 URL 为 "http://localhost/ciapp/index.php/hello/test"，页面显示如图 4.12 所示。

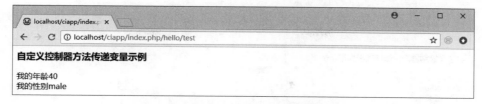

图 4.12　控制器传递参数变量运行结果

可以看到，控制器传递的 $data 数组里存储的两个变量都传递到页面上，通过 PHP echo 函数输出到页面上。

同时 $data 还可以存储多维数组，然后传递给视图页面。还是以上述的 hello 网站为例，此时将第 5 步控制器 test 方法代码中添加一个数组变量，具体如下：

```php
<?php
defined('BASEPATH') OR exit('No direct script access allowed');
class Hello extends CI_Controller {
    /**  * Index Page for this controller. **/
    public function index()
    {
        $this->load->view('hello');
    }
    public function test(){
        $user=array('name'=>'caojianhua','salary'=>5000);  // 定义一个数组变量 $user
        $data['age']=40;                                    // 定义一个 age 变量并将赋值为 40
        $data['gender']="male";                             // 定义个 gender 变量并将赋值为 male
        $data['user']=$user;                                // 将 user 数组变量存到 $data 数组中
        $this->load->view('me',$data);                      // 将变量数组 $data 传递到 me 视图
    }
}
```

此时，第 6 步 views 目录下的 me.php 文件修改后如下所示：

```html
<html>
<body>
    <h3> 自定义控制器方法传递数组变量示例 </h3>
    <?php echo ' 我的姓名 '.$user['name']; ?></br>     // 读取传递的 user 数组变量
    <?php echo ' 我的薪水 '.$user['salary']; ?></br>   // 读取传递的 user 数组变量
    <?php echo ' 我的年龄 '.$age; ?></br>
    <?php echo ' 我的性别 '.$gender; ?>
</body>
</html>
```

此时在浏览器地址栏输入 "http://localhost/ciapp/index.php/hello/test"，页面显示如图 4.13 所示。

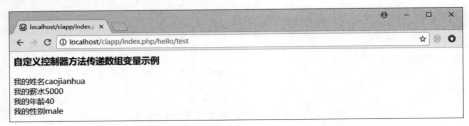

图 4.13　控制器数组参数传递页面显示结果

如此就可以实现数据变量的传递和页面显示了。这个数据变量的值可以手动赋值，也可以从数据库里读取出来，然后通过控制器传递到视图。

3. 页面之间的路由

这里其实还是一个 URL 的话题，不过我们讨论的是两个视图页面之间如何链接的问题。例如，在 hello 网站里现在已经有一个 hello 控制器，控制器里有 index 方法（装载 hello 视图）、test 方法（装载 me 视图）两个方法函数。如果要在 me.php 视图文件里增加一个超链接想访问 hello 视图，如何处理呢？

在 CI 框架中并没有页面的位置设定，都是以 "/ 域名 / 控制器 / 方法" 来给出装载页面的路径，因此如果想从 me.php 视图中访问 hello 视图，需要将装载 hello 视图的路径表示出来，然后赋予 a 超链接的 href 属性。**也就是页面之间的超链接变成了控制器方法的路由。**

即给定 a 超链接的 href 属性为指向 hello 视图的 URL，表示为

```
<a href="http://localhost/ciapp/index.php/hello">链接到 hello 视图 </a>
```

很明显，这个路径表示比较长，不符合 CI 框架简而美的特征。因此 CI 框架有自己的办法，那就是将网站根目录用 base_url() 来表示，而控制器根目录用 site_url() 来表示。两个函数在框架系统 system 文件夹下的 helper 目录 uri_helper.php 有相关定义。

在使用这两个 URL 相关函数时，需首先在控制器方法函数里装载 helper('url') 函数。

```
$this->load->helper('url');
```

由此上述的链接地址可以简化为

```
<a href="<?php echo site_url('hello')">链接到 hello 视图 </a>
```

在根目录新建一个文件夹 public，同时新建 css、img、js 文件夹，也就是资源文件都将存放在这个 public 文件夹中。这是一个开发网站的资源存放良好习惯，见名知意，只要在网页端设置好链接，能够读取到资源文件就可以 (图 4.14)。

下面来进行页面之间路由的练习。

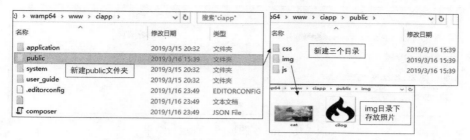

图 4.14　新建 public 文件夹及资源文件存放示意图

【例 3】视图页面文件之间的路由，以 hello 网站框架为例。

第 1 步：继续基于 hello 网站进行。在 views 目录下找到 me.php 页面文件，修改源代码。

```
<html>
<body>
    <h3> 页面视图路由示例 </h3>
    <a href="<?php echo site_url('hello'); ?>"> 查看 hello 视图，测试 site_url() 函
数用法 </a>
    <div><?php echo ' 我的年龄是 :'.$age;?></div>
    <a href="<?php echo base_url('public/img/cat.jpg'); ?>"> 查看小猫咪照片，测试
base_url() 函数 </a>
</body>
</html>
```

第 2 步：在 hello 控制器 test 方法里添加导入 URL 内置函数。

```
<?php
defined('BASEPATH') OR exit('No direct script access allowed');
class Hello extends CI_Controller {
    /**  * Index Page for this controller. **/
    public function index()
    {
        $this->load->view('hello');
    }
    public function test(){
        $this->load->helper('url');              // 装载 helper 辅助 url 方法
        $data['age']=40;                          // 定义一个 age 变量并赋值 40
        $this->load->view('me',$data);            // 将变量数组 $data 传递到 me 视图
    }
}
```

第 3 步：在浏览器地址栏输入 "http://localhost/ciapp/hello/test"，进入 me 视图 (图 4.15)。

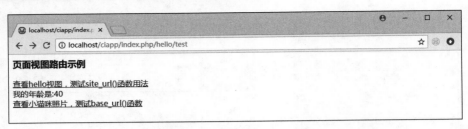

图 4.15　me 视图页面文件运行结果

第 4 步：单击第一个超链接，测试 site_url( ) 方法函数的效果，单击后直接跳转到 index 默认视图页面 (图 4.16)。

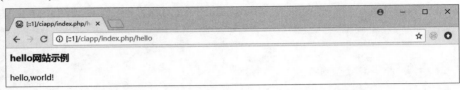

图 4.16　页面路由 site_url( ) 使用实际效果

第 5 步：单击第二个超链接，测试 base_url( ) 方法效果，单击后可以直接看到小猫照片 (图 4.17)。

图 4.17　页面路由 base_url( ) 使用实际效果

由于对一个多页面多任务网站而言，页面之间的链接非常多，因此使用好页面之间的路由方法也是非常重要的。表 4.1 对两个路由函数进行了总结。

表 4.1　页面路由函数

页面路由 URL 函数	用途	示例
site_url( )	控制器根目录路由	site_url(' 控制器 / 方法 ')
base_url( )	网站根目录路由	base_url(' 根目录 ')

4.URL 中传递参数

在 URL 中传递参数是一个特别常见的需求，比如老师的编号、当天的日期等，在 URL 中的写法格式为

域名 /index.php/ 控制器名 / 方法名 / 参数值一 / 参数值二 / 参数值三 /..

如果需要传递参数，就需要在控制器方法名中加入参数变量，例如在 hello 网站默认控制器 hello 里添加一个方法 math。

```php
<?php
defined('BASEPATH') OR exit('No direct script access allowed');
class Hello extends CI_Controller {
    public function math($a,$b){                    //math 方法设置了两个参数变量
        echo '加法结果为:'.($a+$b);
    }
}
```

在 math 方法中设置了两个虚参，如何给它赋值呢？这时就可以从 URL 中传递数值给两个虚参，在浏览器输入

```
http://localhost/ciapp/index.php/hello/math/5/6
```

其中，5 是给变量 a 传递的值，6 是给变量 b 传递的值。浏览器地址栏输入完后按 Enter 键就可以获得结果 (图 4.18)。

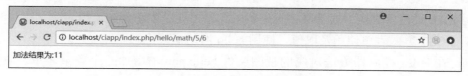

图 4.18　URL 带参数执行结果

5.post 和 get 方式传值

上述的 URL 方式传递参数属于 CI 的规范，但在实际使用过程中这种方式不太容易理解，传统的"控制器名 / 动作名 ? 键名 1= 值 1& 键名 2= 值 2&..."的格式更容易被接受，因为有清晰的键名标注。

（1）GET 方式取值　　在 HTTP 请求中，GET 方式都是读取获得数值，而 POST 方式是发送数值。

在 CI 框架中，对于 get 方式取值，其标准用法为

```
$this->input->get(' 变量参数 ');
```

【例 4】GET 方式取值。

首先将上述的 math 方法代码修改为

```php
<?php
defined('BASEPATH') OR exit('No direct script access allowed');
class Hello extends CI_Controller {
    public function math(){
        $a=$this->input->get('a');               // 获取 a 变量的值
```

扫一扫，看微课

149

```
        $b=$this->input->get('b');                    // 获取 b 变量的值
        echo '加法结果为:'.($a+$b);
    }
}
```

例如，在浏览器地址栏输入

```
http://localhost/ciapp/hello/math?a=5&&b=6
```

按 Enter 键后获得的结果如图 4.19 所示。

图 4.19　URL 带参数 get 方式取值执行结果

（2）POST 方式取值　在 CI 框架中，对于 post 方式取值，其标准用法为

```
$this->input->post('变量参数');
```

由于 post 方式是发送值，通常网页发送值的元素主要以表单为主。

【例 5】POST 方式表单使用及取值，使用 hello 网站框架代码。

第 1 步：在 index 控制器方法对应的视图文件 hello.php 中增加一个登录表单，页面显示如图 4.20 所示。

扫一扫，看微课

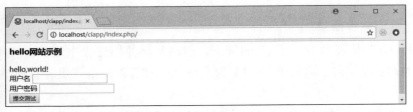

图 4.20　hello 网站登录页面显示

修改后的 hello.php 代码如下：

```
<html>
<body>
    <h3>hello 网站示例</h3>
    <?php echo 'hello,world!' ;?>
    <form action="<?php echo site_url('Hello/login');?>" method="post">
        <div>
            <label for="username">用户名</label>
            <input type="text" name="username">
        </div>
        <div>
```

```
            <label for="userpwd">用户密码</label>
            <input type="password" name="userpwd">
        </div>
        <div>
            <input type="submit" name="submit" value=" 提交测试 ">
        </div>
    </form>
</body>
</html>
```

第 2 步：代码中表单属性的 action 指向了 hello 控制器里的 login 方法，因此在 hello 控制器里增加一个 login 方法，同时给 index 方法增加装载 helper 函数，修改后的代码如下：

```php
<?php
defined('BASEPATH') OR exit('No direct script access allowed');
class Hello extends CI_Controller {
    public function index(){
        $this->load->helper('url');
        $this->load->view('hello');
    }
    public function login(){
        $username=$this->input->post('username');
        $userpwd=$this->input->post('userpwd');
        echo ' 提交过来的用户名为 :'.$username;
    }
}
```

第 3 步：此时在图 4.20 中的页面输入用户名和密码，单击"提交测试"，hello 控制器里的 login 方法就将接收到表单信息，运行结果如图 4.21 所示。

图 4.21　post 发送值方式测试效果

4.2.3　视图文件

CI 框架中是没有模板的，视图文件就是显示层网页文件，由于 CI 框架整个都

扫一扫，看微课

是用 PHP 来编写的，因此在框架中视图文件也是保存为 PHP 文件。可以简单地将视图文件对比理解为客户端 HTML 网页文件，也就是说，视图文件主要由 HTML 标记构成，其中嵌入一些 PHP 脚本代码。

例如，在 views 文件夹下的 hello.php（图 4.20 对应的代码文件）就是由表单元素、DIV 标记、文本标记和 PHP 脚本代码组成的。

所有的视图文件都放在 application 目录的 views 文件夹下，如图 4.22 所示。

图 4.22　views 文件夹结构

调用视图文件的方法就是使用

```
$this->load->view(' 文件名 ', [$data]);
```

格式中文件名就是显示 php 文件，$this->load->view() 这里指继承使用 CI 基控制器的 load 方法，load 方法调用 view 函数，view(参数) 函数中的参数，包括第一个参数：文件名；第二个参数：$data 数组变量，其中，$data 属于可选项。需要传递数值到显示页面就用到 $data 变量，具体使用案例已经在本节 URL 与控制器内容中讨论过。

在控制器方法里的视图调用基本模式如下：

```php
<?php
defined('BASEPATH') OR exit('No direct script access allowed');
class Hello extends CI_Controller {
    public function index(){
        $this->load->helper('url');
        $this->load->view('hello');
                //view 后面的参数 hello，就是调用 views 文件夹下的 hello.php 视图文件
    }
}
```

如果需要传递参数，就在 $this->load->view() 中传递第二个参数，它是一个数组，数组的键就是视图中需要使用的变量，数组的值就是传递的值。

其基本模式如下：

```php
<?php
```

```
defined('BASEPATH') OR exit('No direct script access allowed');
class Hello extends CI_Controller {
    public function index(){
        $data['username']= "cao";              // 定义数组的键为 username，其值为 cao
        $this->load->helper('url');            // 装载 helper 方法
        $this->load->view('hello',$data);      //view 后面的参数 hello，就是调用 views
                                                 文件夹下的 hello.php 视图文件

    }
}
```

这样就可把 $data 数组变量传递到 hello.php 视图文件中，然后在 hello.php 视图文件中就可以对 $data 变量进行显示。前面已经有案例讨论过，这里不再赘述。

在网站页面比较多、业务所需视图比较复杂时，还需要使用多个视图和层次视图关系。多个视图同时调用的基本用法为

```
$this->load->view( 视图 1);
$this->load->view( 视图 2);
......
```

这种方法一般用于多个页面文件具有通用部分时，如许多网站的页脚部分所有页面都是一样的，头部导航栏部分也有不少一致的。那就可以将页面的头部和页脚做成公用视图调用，在开发时就只需要精心设计页面主体部分内容了。

📢 注意

这里的视图顺序非常重要，CI 框架会从上到下依次组织视图文件。

【例 6】多个视图文件同时调用，以 hello 网站框架为例。

设计 hello 网站通用框架，即做好视图的 header 头部文件和 footer 页脚文件，中间主体可以有不同的视图内容。

第 1 步：设计 header 头部视图文件 header.php。

```
<header>
    <table width="600px" border="1" bgcolor="#999">
        <tr>
            <td>CI 简介 </td>
            <td>CI 性能 </td>
            <td>CI 应用 </td>
            <td>CI 扩展 </td>
        </tr>
    </table>
</header>
```

第 2 步：设计 footer 页脚视图文件 footer.php。

```
<footer style="width: 600px;font-size: 14px;text-align: center;">
    <span>copyright@2019-2025, 联系方式 caojh@tust.edu.cn</span>
</footer>
```

第 3 步：设计 index 方法默认视图 hello.php。

```
<div style="text-align: center;width: 600px;background: #f0f0f0;">
    <?php echo 'hello,world!' ;?>
    <form action="<?php echo site_url('Hello/login');?>" method="post">
        <div>
            <label for="username"> 用户名 </label>
            <input type="text" name="username">
        </div>
        <div>
            <label for="userpwd"> 用户密码 </label>
            <input type="password" name="userpwd">
        </div>
        <div>
            <input type="submit" name="submit" value=" 提交测试 ">
        </div>
    </form>
</div>
```

第 4 步：回到 hello 控制器里，在 index 方法导入多个视图。由于初次安装时在 views 视图文件夹下就有 welcome_message.php 视图文件，所以在 hello 控制器再增加一个 welcome 方法。具体代码如下：

```
<?php
defined('BASEPATH') OR exit('No direct script access allowed');
class Hello extends CI_Controller {
    public function index(){                        // 默认 index 方法
        $this->load->helper('url');
        $this->load->view('header');                // 导入 header 视图文件
        $this->load->view('hello');                 // 导入主体内容视图文件
        $this->load->view('footer');                // 导入 footer 视图文件
    }
    public function welcome(){                       // 定义一个 welcome 方法
        $this->load->view('header');                // 导入 header 视图文件
        $this->load->view('welcome_message');       // 导入主体内容视图文件
        $this->load->view('footer');                // 导入 footer 视图文件
    }
}
```

第 5 步：在浏览器里可以测试，如先使用 index 默认控制器，浏览器地址栏输入 "http://localhost/ciapp/"，运行结果如图 4.23 所示。

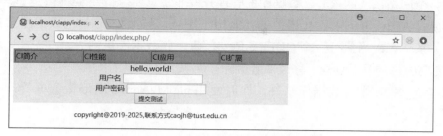

图 4.23 默认 index 首页页面视图

然后将浏览器地址栏地址换成 http://localhost/ciapp/index.php/hello/welcome，即调用 welcome 方法，其结果如图 4.24 所示。

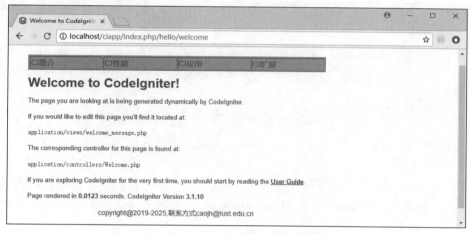

图 4.24 welcome 页面视图文件效果

同时，在开发网站过程中如果单个模块视图文件过多，比如产品中心模块可能会包括多种软件产品和硬件产品，就需要多个产品视图页呈现，为了保证网站系统的文件组织结构清晰，可以将所有同类型的视图文件存放在同一个视图目录下。

此时控制器方法装载视图时使用多层级方式。

```
$this->load->view(' 视图目录 / 视图文件 ');
```

以产品中心为例，在视图 views 总目录下新建一个文件夹 product，然后将产品 A 的视图文件、产品 B 的视图文件等都存放在 product 目录下。因此，在控制器方法中使用多层级方式组织视图文件。

```
$this->load->view('product/productA');          // 调用 product A 的视图
$this->load->view('product/productB');          // 调用 product B 的视图
```

4.2.4 数据库与模型

数据是整个网站系统的核心，数据库的管理开发非常重要。CI 框架提供了非常方便好记的数据库操作模式 Active Record，代码简洁，但功能齐全。AR 的核心是把数据库和 PHP 对象建立一个对应关系。每次当执行一个 QUERY 语句。每一张数据库里的表是一个类，每一行是一个对象。所有需要做的只是创建、修改或者删除。

本书选择 MySQL 作为数据库软件，同时使用 phpMyAdmin 图形化数据管理软件来管理 MySQL 数据库。

1. 数据库的配置

首先需要将 CI 网站连接到数据库上，修改框架的默认配置。

打开 application 文件夹下的 config 目录，找到名为 database.php 文件，该文件就是用于设置框架数据库相关配置的。基本上用户只需要配置 hostname、username、password、database 四个选项即可。配置如下：

```php
$db['default'] = array(
    'dsn' => '',
    'hostname' => 'localhost',              // 数据库服务器地址
    'username' => '',                       // 数据库登录用户姓名
    'password' => '',                       // 数据库登录用户密码
    'database' => '',                       // 数据库名称
    'dbdriver' => 'mysqli',                 // 使用 mysqli 类操作
```

例如，在 phpMyAdmin 数据库管理软件中，MySQL 数据库软件安装在本地，同时设置了用户名为"root"，密码为"root123"，针对 hello 网站新建一个 db_hello 数据库名。上述配置就需要修改为

```php
$db['default'] = array(
    'dsn' => '',
    'hostname' => 'localhost',              // 数据库服务器 localhost
    'username' => 'root',                   // 数据库登录用户 root
    'password' => 'root123',                // 数据库登录密码 root123
    'database' => 'db_hello',               // 数据库名称 db_hello
    'dbdriver' => 'mysqli',                 // 使用 mysqli 类操作
```

为了便于后续案例演示操作，可以先在 phpMyAdmin 数据库管理软件中将数据库和数据表的结构建好。具体操作步骤可以参考第 3 章相关内容。

新建数据库名为 db_hello，同时新建两个表，一个为用户表 user，一个为新闻表 news。用户表 user 的结构和 news 表的结构如图 4.25 所示。读者可以参考表结构边操作边练习。

图 4.25　新建数据库 db_hello 和数据表的结构

2. 数据库的连接

通常在操作数据库之前，需要对数据库进行加载连接。在 CI 框架中数据库的连接基本格式为

```
$this->load->database( );
```

由于数据库的连接只需要一次，因此通常会将这个语句放在控制器的构造函数里，这样进行数据库的操作时数据库一直保持在连接状态。

下面就可以开始对数据库进行操作了，具体格式为

```
$this->db-> 操作名；
```

表 4.2 为 CI 框架数据库操作基本格式用法。

表 4.2　CI 框架数据库操作基本格式用法

数据库操作	代码语法	示例
全部查询	$this->db->get()	$this->db->get('user')
条件查询	$this->db->select (); $this->db->get_where(); $this->db->orderby(); $this->db->get();	$this->db->get_where('user', array('userID'=>3)); $this->db->orderby("username", "desc"); $query = $this->db->get();
插入操作	$this->db->insert( ) 或 $this->db->set( )	$data=array('username'=>'peter'); $this->db->insert('user', $data) 或 $this->db->set('username','peter'); $this->db->insert('user');
更新操作	$this->db->update( )	$data=array('username'=>'peter'); $this->db->where('userID', 2); $this->db->update('user',$data);
删除操作	$this->db->delete( )	$this->db->where('userId', '2'); $this->db->delete('user');

对于表中各个语句的用法后续有案例练习，读者可以按案例操作体会。

（1）数据库插入、更新和删除操作　在执行了代码语句后，其返回结果为布尔型，返回结

果为真（true）时表示操作成功，为假（false）时表示操作未成功。或者用扩展类方法 affected_rows 来获取结果。

```
$query=$this->db->insert('user', $data);                    //$query 的值为布尔型
$query=$this->db->insert('user', $data)->affected_rows();   //$query 的值为 0 或者 1
```

（2）数据库全部查询或条件查询　　在执行代码语句后，返回的是一个结果集。还需要使用拓展类方法将结果读取出来，而 CI 框架也提供了简洁的语法。同时，上述表中的条件查询语法也可以自由组合。

```
$query = $this->db->get('user')->result_array();     // $query 的结果为数组
$query = $this->db->get_where('user',array('userID'=>3))->result_row();
                                                     // 结果为数组
$query = $this->db->orderby('userID')->get_where('user',array('status'=>1))-
>result_row();                    // 结果为数组
```

也可以使用 query 方法进行查询操作，例如：

```
$sql='select username from user where userID=3';        // 先写完 SQL 语句
$res=$this->db->query($sql)->result_row();             // 再使用 query 查询操作
```

其中，result_row( ) 方法在结果为一行数据时使用，而 result_array( ) 在结果为多行数组时使用。

链式操作：就是将表 4.2 中的操作连接起来形成链式操作。

典型的如条件查询操作：

```
$this->db->from('user')->select('username')->where('userID',2)->get(
)->result();
```

这种链式操作组织清晰，意思明确，也非常好用。

3. 数据模型

扫一扫，看微课

CI 框架通常情况下将与数据操作有关的模型和方法放在 application 文件夹下的 model 目录，直接放在控制器 controller 方法中是较为少见的，不符合 MVC 的理念。由于 CI 框架 URL 路由时需要用到控制器方法，因此当在模型里将操作数据库方法设置好后，需要将数据传值到对应的控制器方法。

下面用案例说明数据模型的用法和对数据库的操作方法。

【例 7】在 hello 网站查询数据库并将结果显示在视图页面上。

第 1 步：在 model 目录下新建一个 User_Model.php 文件，作为用户数据相关模型文件，打开后输入如下代码：

```
<?php
class User_Model extends CI_Model                    // 新建模型类名 User_Model，继承 CI 模型
    {
```

```
    function __construct()
    { parent::__construct();
        $this->load->database();
    }                                          // 构造函数里连接好数据库
    public function userList(){
        $res=$this->db->get('user')->result_array();    // 读取 user 表中数据
        return $res;                           // 将读取的数据返回传递到控制器
    }
}
```

第 2 步：在 controller 目录下新建一个 User.php 文件，作为用户相关控制器方法，打开后输入如下代码：

```
<?php
class User extends CI_Controller                // 新建控制器类名 User，继承 CI 控制器
{
    public function userinfo(){                  // 新建 userinfo 方法
        $this->load->model('User_Model');       // 装载模型文件
        $data['userinfo']=$this->User_Model->userList();// 导入模型中的 userList 方法
        $this->load->view('userpage',$data);    // 将数据传值到 userpage 视图
    }
}
```

要从控制器中加载模型文件，就需要使用如下方法：

```
$this->load->model( 模型文件名 );
$re=$this-> 模型文件名 -> 模型方法；        // 将数据模型操作获得的结果返回到控制器
```

第 3 步：在 views 目录下新建一个 userpage.php 视图文件，输入如下代码：

```
<table border="1">
    <tr>
        <td>用户名</td>
        <td>用户密码</td>
        <td>用户注册时间</td>
    </tr>
    <?php foreach ($userinfo as $key => $value) { ?>        // 读取 userinfo 数组
    <tr>
        <td><?php echo $value['username'] ;?></td>          // 显示数组每个键名对应的值
        <td><?php echo $value['userpwd'] ;?></td>
        <td><?php echo $value['reg_time'] ;?></td>
    </tr>
    <?php } ?>
</table>
```

第 4 步：在浏览器中输入 URL，即 "http://localhost/ciapp/index.php/User/userinfo"，显示结果如图 4.26 所示。

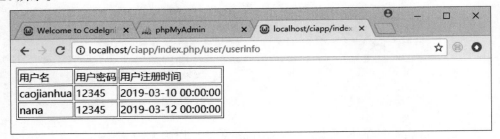

图 4.26　用户表数据显示结果

上述案例就是一个典型的控制器——模型——控制器——视图应用流程，由控制器发送数据请求到模型，模型把数据传回控制器，然后控制器将数据传递到视图，由视图文件在页面上显示出来。这就是 CI 框架在 MVC 构架下进行数据传输的基本思路。

4. 事务处理

对于商务应用，如交易、银行结算等，事务的重要性不言而喻，CI 框架对事务处理也提供了不错的支持。

CI 框架对事务分为自动提交和手动提交两类。

（1）自动提交方式。

```
$this->db->trans_start();          // 开始事务
...........                        // 其他数据库操作
$this->db->trans_complete();       // 结束事务
```

在 trans_start() 和 trans_complete() 之间的操作会被当做一个事务，系统会自动提交或者回滚。

但是有些情况下我们并不使用这个流程，很多时候可以人为地选择提交和回滚，而且还通常通知前端，让前端根据不同的结果来做出不同的响应，比如保存作业失败，那么我们应该提示用户重新保存一次，而且保存作业之前所做的其他操作可以视不同情况处理。

（2）手动提交方式。

```
$this->db->trans_begin();          // 开始一个事务
..............                     // 其他操作
if($this->db->trans_status === FALSE){
    $this->db->trans_rollback();   // 事务回滚
    ................               // 反馈给前端或日志
}else{
    $this->db->trans_commit();     // 事务提交
    ............                   // 反馈给前端或日志
}
```

4.2.5　缓存与日志

1. 缓存

要提升网站的运行效率，缓存是必须要过的一关，它对于大数据量的同时访问能够抵挡很大一部分请求信息。

我们可以对每个独立的页面进行缓存，并且可以设置每个页面的缓存时间。当页面第一次加载时，缓存将会被写入 application/cache 目录下的文件中。

之后再次请求这个页面时，就可以直接从缓存文件中读取内容，由于是静态的 HTML 文件，因此加载速度会快很多。通常，启用缓存时，只需要在动作中使用如下格式即可：

```
$this->output->cache( 分钟数 );
```

【例 8】设置页面缓存。

第 1 步：以 hello 网站通用框架为例，在控制器 Hello 的 index 方法中加入缓存。

```php
<?php
defined('BASEPATH') OR exit('No direct script access allowed');
class Hello extends CI_Controller {
    public function index(){
        $this->load->helper('url');
        $this->output->cache(50);              // 设置页面缓存时间为 50m
        $this->load->view('header');           // 头部视图文件
        $this->load->view('hello');            // 主体视图文件
        $this->load->view('footer');           // 页脚视图文件
    }

    public function welcome(){
        $this->load->view('header');
        $this->load->view('welcome_message');
        $this->load->view('footer');
    }
}
```

扫一扫，看微课

第 2 步：打开浏览器，地址栏输入 URL "localhost/ciapp/index.php/"，页面运行结果如图 4.27 所示。

第 3 步：从页面上看不到任何缓存的结果，现在到 application 文件夹下的 cache 目录，可以发现多了一个文件 edb9f3c1aad3594165a8e6490d1ff75e，这就是产生的缓存页面文件。可以用网页编辑器 sublime text3 打开，缓存文件代码如图 4.28 所示。

可以看到，这个缓存文件除了在文件开头加了一个 CI 自己的标记、记录了一些时间等信息之外，主体还是编译后的 HTML 文件。

图 4.27　hello 网站首页运行结果

图 4.28　缓存文件代码

说明：它会把 PHP 代码一并解析成为 HTML 代码，这样当再次访问这个文件时，服务器解析文件的速度会快很多。缓存文件一旦生成，它就会永久调用，只要不到设定的过期时间，比如上面就设置过期时间为 50 min。在这种情况下，通常需要手工删除这个缓存文件。也可以使用 CI 提供的一个函数来删除，这就需要调用 $this->output->delete_cache() 这个方法。

```
// Deletes cache for the currently requested URI
$this->output->delete_cache();
// Deletes cache for /foo/bar
$this->output->delete_cache('/foo/bar');
```

除了页面可以缓存外，数据库查询访问也可以加入缓存。

基本步骤如下：

（1）开启配置缓存，需要在 application 文件夹的 config 目录下 config.php 文件将缓存设置修改为 on，并设置一个可缓存的目录。

```
// 在 application/config/config.php 中开启
$db['default']['cache_on'] = TRUE;
// 并在对应的目录中加一个可写缓存目录 cache
$db['default']['cachedir'] = './cache';
```

（2）在对应的查询中开启缓存语句，加入模型文件中。

```
// 打开缓存开关
$this->db->cache_on();
$query = $this->db->query("SELECT * FROM mytable");
// 使下面这条查询不被缓存
$this->db->cache_off();
$query = $this->db->query("SELECT * FROM members WHERE member_id = '$current_user'");
```

（3）由于缓存无法自动删除，需要手动清除，因此可以设置清除所有缓存。

```
// 清空所有缓存
$this->db->cache_delete_all()
```

2. 日志分析

在默认情况下 CI 框架是不开启日志功能的，但是日志功能是相当重要的，不论是日志的分析，还是记录在日志中的调试信息，都是我们对网站运营状况进行分析的很重要的依据。

开启日志：在 application 目录下的 config 下的 config.php 文件中有关日志，将其设置为

```
$config['log_threshold'] = 0;
```

这个设置的值 0 表示不开启日志；1 表示开始错误日志记录；2 表示开启调试日志；3 表示信息日志；4 表示所有信息。

```
$config['log_path'] = '';            // 设置保存日志路径，默认存放在 application/logs/ 下
$config['log_file_extension'] = '';    // 设置后缀名，默认为 .php 后缀
```

【例 9】网页运行日志。

第 1 步：将配置 $config['log_threshold'] 值修改为 4，表示记录所有信息，其他的保持不变，保存 config.php 文件。

```
$config['log_threshold'] = 4;
```

扫一扫，看微课

第 2 步：运行 hello 网站，在地址栏输入 "http://localhost/ciapp/index.php"，进入其 index 默认方法。

第 3 步：打开 application 目录下的 logs 文件夹，查看日志文件，可以看到在 logs 文件夹下多了一个 log-2019-03-17.php 日志文件。打开查看，信息记录如图 4.29 所示。

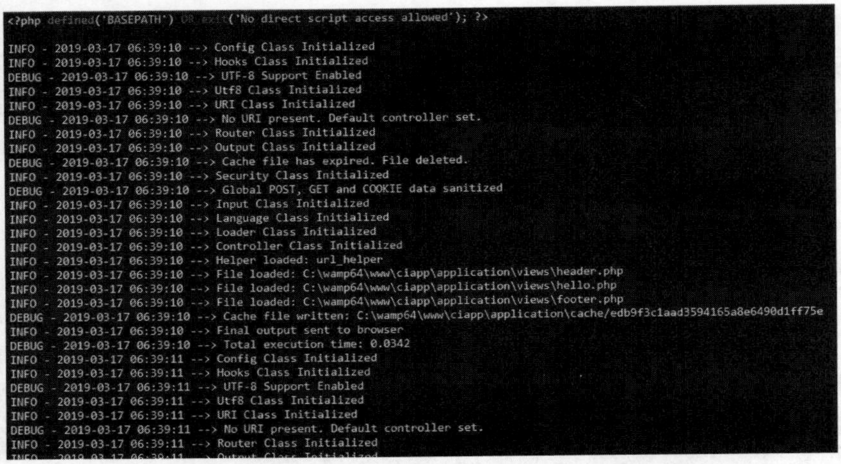

```
<?php defined('BASEPATH') OR exit('No direct script access allowed'); ?>

INFO - 2019-03-17 06:39:10 --> Config Class Initialized
INFO - 2019-03-17 06:39:10 --> Hooks Class Initialized
DEBUG - 2019-03-17 06:39:10 --> UTF-8 Support Enabled
INFO - 2019-03-17 06:39:10 --> Utf8 Class Initialized
INFO - 2019-03-17 06:39:10 --> URI Class Initialized
DEBUG - 2019-03-17 06:39:10 --> No URI present. Default controller set.
INFO - 2019-03-17 06:39:10 --> Router Class Initialized
INFO - 2019-03-17 06:39:10 --> Output Class Initialized
DEBUG - 2019-03-17 06:39:10 --> Cache file has expired. File deleted.
INFO - 2019-03-17 06:39:10 --> Security Class Initialized
DEBUG - 2019-03-17 06:39:10 --> Global POST, GET and COOKIE data sanitized
INFO - 2019-03-17 06:39:10 --> Input Class Initialized
INFO - 2019-03-17 06:39:10 --> Language Class Initialized
INFO - 2019-03-17 06:39:10 --> Loader Class Initialized
INFO - 2019-03-17 06:39:10 --> Controller Class Initialized
INFO - 2019-03-17 06:39:10 --> Helper loaded: url_helper
INFO - 2019-03-17 06:39:10 --> File loaded: C:\wamp64\www\ciapp\application\views\header.php
INFO - 2019-03-17 06:39:10 --> File loaded: C:\wamp64\www\ciapp\application\views\hello.php
INFO - 2019-03-17 06:39:10 --> File loaded: C:\wamp64\www\ciapp\application\views\footer.php
DEBUG - 2019-03-17 06:39:10 --> Cache file written: C:\wamp64\www\ciapp\application\cache/edb9f3c1aad3594165a8e6490d1ff75e
INFO - 2019-03-17 06:39:10 --> Final output sent to browser
DEBUG - 2019-03-17 06:39:10 --> Total execution time: 0.0342
INFO - 2019-03-17 06:39:11 --> Config Class Initialized
INFO - 2019-03-17 06:39:11 --> Hooks Class Initialized
DEBUG - 2019-03-17 06:39:11 --> UTF-8 Support Enabled
INFO - 2019-03-17 06:39:11 --> Utf8 Class Initialized
INFO - 2019-03-17 06:39:11 --> URI Class Initialized
DEBUG - 2019-03-17 06:39:11 --> No URI present. Default controller set.
INFO - 2019-03-17 06:39:11 --> Router Class Initialized
```

图 4.29　日志文件信息记录

通过读取日志，就能发现网站运行整个过程留下的痕迹，这有助于后续的错误纠正和进一步地改善系统。

4.3　CodeIgniter 类库

CodeIgniter 框架之所以如此简约而强大，就是因为它自带了很多基础框架的类库，让开发者无需关心底层框架情况，只需关注于控制器、视图和模型的开发，节省了开发者不少时间。本节将介绍 CI 框架的常用类库和辅助类库，由于这些类库有的在开发过程中会经常使用，所以本节在介绍时也设计了案例供读者参考。

4.3.1　CodeIgniter 常用类库

在 system 框架代码文件夹 libraries 目录下，有许多 PHP 文件，这些就是 CI 框架自带的类。Libraries 中常用类列表见表 4.3。

表 4.3　libraries 中常用类列表

类名	用途	类名	用途
Calendar	日历类	Cart	购物车类
Driver	缓存驱动类	Ftp	ftp 类
Encrypt	加密类	Form_validation	验证类
Encryption	加密类（新）	JavaScript	js 类
Email	邮件类	Pagination	分页类
Image_lib	图像类	Parser	模板解析类

类名	用途	类名	用途
Migration	迁移类	Table	表格类
Profiler	程序分析器类	Zip	zip 编码类
Trackback	引用通告类	Typography	排版类
Unit_test	单元测试类	Upload	上传类
User_agent	用户代理类	Xmlrpc	rpc 处理类
Cache 包	缓存库	Session 包	会话库

下面对几个最常用的类的方法、原理和使用步骤进行介绍，其他的类读者可以参考框架用户手册。

1.Pagination 分页类

在数据行数过多时，在一个页面上全显示出来是不显示的，也不美观，所以在开发中可以对数据进行分页显示，这样既能很好地排版设计，也能让网站访问者通过翻页看到所有数据。CI 框架提供了分页类的库文件，非常实用。

分页类相关方法主要使用在控制器和视图文件中，在控制器里相关方法里首先导入类库文件，格式为

```
$this->load->libray('pagination');
```

为了控制分页，也就是确定需要分几页，还需要两个参数：数据总记录数和每页显示几个记录，如用户数据假设有 100 个，预计每页显示 10 个，那就需要分 10 页显示。

对于数据总记录数，如果数据是存放在数据库里的，就需要采用模型相关方法计算出来数据的总记录数。

对于每页显示几个记录，可以人为指定。

分页的过程在 CI 框架里基本思路是：先从控制器方法获取每页显示记录数，然后传递给数据模型文件，在数据模型中按每页需求的记录查询出来返回到控制器，然后控制器将查询结果传递到视图文件，显示在页面中。页面第一次显示肯定是第一页的，如果要显示第二页的，此时视图将请求发给控制器方法，模型文件里通过读取页面请求时的 URL 获取页面数（即第几页），查询需求的记录返回给控制器，控制器再传参给视图文件，从而显示第二页的记录。

全部过程的关键点如下：

● 读取 URL，获取当前为第几页的参数值，确定查询时当前页起始记录数。

CI 框架的 URL 结构 http://localhost/index.php/user/userList，也就是服务器、控制器、方法。前面从控制器开始如 user 为第 1 段，userList 方法为第 2 段，如果还有参数，就会依次增加到 userList 后面，形成 http://localhost/index.php/user/userList/ 参数 1/ 参数 2....。其中参数 1 位置就为 URL 的第 3 段，参数 2 位置为 URL 的第 4 段。

分页类会在视图中配置一个超链接标记显示，形如图 4.30 所示。

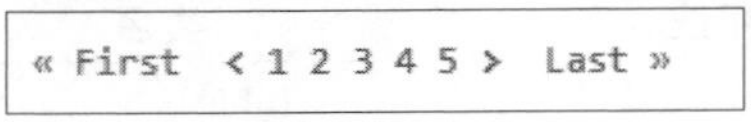

```
« First  < 1 2 3 4 5 >  Last »
```

图 4.30　视图页面分页标记

当单击其中的某个数字链接，如点 2 时，会将这个参数值 2* 每页设定记录数发送到 URL 上，例如每页设定显示 4 个记录，此时 URL 地址显示 http://localhost/index.php/user/userList/8，"8" 在 URL 上的位置就是第 4 段。同时也说明当前页查询时起始记录数为 8。

然后使用 URL 类的分段方法 $this->uri->segment(参数)，获取分页时当前页的位置。用法为

```
$currentpage=$this->uri->segment( 参数 );
```

式中的参数为 1 时，对应控制器名，参数为 2 时可以获取控制器方法名，其他依次往后类推。这样可以获取当前 URL 中的任何参数和方法名。

● 数据库查询方法

模型查询时依据获取的当前页数使用 limit 方法查询当前页的记录，并返回给控制器。

获取当前页数据记录的查询方法格式为

```
$res=$this->query('select * from user order by userID desc limit { 当前页起始位
置 },{ 每页显示记录数 }')->result-array();
```

获取总记录数的查询方法格式为

```
$total_rows=$this->query('select count(userID) from user')-> row_array();
```

● 页面分页标记显示。

分页类在页面显示上也有配置方法可以使用。整体代码如下：

```
$config['base_url'] = site_url('User/userList');        // 路由站点地址
$config['per_page'] = $per_page;                        // 每页显示记录数
$config['reuse_query_string'] = true;                   // 将查询字符串参数添加到 URI 分段
                                                        //   的后面以及 URL 后缀的前面

$config['first_link'] = false;                          // 左边第一个链接不显示文本
$config['prev_link'] = '&laquo';                        // 前一个链接显示左向箭头符号 <
$config['next_link'] = '&raquo';                        // 下一个链接显示右向箭头符号 >
$config['last_link'] = false;                           // 右边第一个链接不显示文本
$config['next_tag_open'] = '<li>';                      // 设置下一个标记起始 li 标记
$config['next_tag_close'] = '</li>';                    // 设置下一个标记结束 li 标记
$config['num_tag_open'] = '<li>';                       // 设置数字标记起始 li 标记
$config['num_tag_close'] = '</li>';                     // 设置数字标记结束 li 标记
$config['prev_tag_open'] = '<li>';                      // 设置前一个标记起始 li 标记
$config['prev_tag_close'] = '</li>';                    // 设置后一个标记起始 li 标记
$config['cur_tag_open'] = '<li class="active"><a href="#">';
```

```
$config['cur_tag_close'] = '</a></li>';              // 设置当前标记起始 li 标记
                                                     // 设置当前标记结束 li 标记
$this->pagination->initialize($config);              // 初始化分页显示配置
$data['page'] =$this->pagination->create_links();    // 将分页标记变量数组保存
$this->load->view('userpage',$data);                 // 将分页标记数组变量传递到视图页面上
```

这一大段代码看起来比较复杂，实际上主要定义了图 4.30 的分类标记显示样式，结合图 4.30 分类显示样式应该就可以理解上述代码了。

下面通过一个实例说明分页类的使用方法。

【例 10】用户分页显示，本例使用 hello 网站的 my_db 数据库和模型文件。

第 1 步：为配合使用分页类，先使用 phpmyadmin 数据库管理软件在 4.2 节中建立的 db_hello 数据库中往 user 表中增加记录，共有 9 条记录。可以设计一个页面显示 4 条记录，需要 3 个页面才能显示完全用户信息，如图 4.31 所示。

		userID	username	userpwd	reg_time
☐ ✎ 编辑 ᴈⁱ 复制 ⊖ 删除		1	caojianhua	12345	2019-03-10 00:00:00
☐ ✎ 编辑 ᴈⁱ 复制 ⊖ 删除		2	nana	12345	2019-03-12 00:00:00
☐ ✎ 编辑 ᴈⁱ 复制 ⊖ 删除		3	zaikun	12345	2019-03-05 00:00:00
☐ ✎ 编辑 ᴈⁱ 复制 ⊖ 删除		4	lina	12345	2019-03-01 00:00:00
☐ ✎ 编辑 ᴈⁱ 复制 ⊖ 删除		5	张三	12345	2019-03-02 00:00:00
☐ ✎ 编辑 ᴈⁱ 复制 ⊖ 删除		6	李四	12345	2019-03-01 00:00:00
☐ ✎ 编辑 ᴈⁱ 复制 ⊖ 删除		7	王五	12345	2019-03-01 00:00:00
☐ ✎ 编辑 ᴈⁱ 复制 ⊖ 删除		8	宁六	12345	2019-03-01 00:00:00
☐ ✎ 编辑 ᴈⁱ 复制 ⊖ 删除		9	小潘	12345	2019-03-01 00:00:00

图 4.31　db_hello 数据库中 user 表信息记录

扫一扫，看微课

第 2 步：有了数据后，需要从数据库里把数据读取查询出来。因此先在 hello 网站里的 application 文件夹下 model 目录新建 model，鉴于 4.2 节介绍模型数据操作时建立了一个 User_Model.php 模型文件，而且写好了 userList 方法，因此这里直接使用并稍加修改。

```php
<?php
    class User_Model extends CI_Model
    {
        function __construct()
        {
            $this->load->database();                          // 链接数据库
        }
        public function userList($per_page){
            $currpage=$this->uri->segment(4)==''?0:$this->uri->segment(4);
            // 获取 URL 上第 4 段的数，确定为当前页起始数
            $total_rows=$this->db->query('select count(userID) as total from
user')->row_array();                          // 查询总记录数
            $curr_res=$this->db->query("select * from user order by userID asc limit
{$currpage},{$per_page}")->result_array();              // 从 user 表里根据给定
```

```
                                                                    limit 范围查询数据
        $data['total']=$total_rows['total'];          // 总记录数存在 data 数组里
        $data['data']=$curr_res;                       // 每一页的记录存在 data 数组里
        return $data;                                  // 将 data 返回给控制器的方法
    }
}
```

第 3 步：回到与用户相关的 User 控制器文件，加入分页标记，代码修改后如下：

```php
<?php
class User extends CI_Controller
{
    public function userinfo(){
        $this->load->library('pagination');                    // 导入分页类库
        $this->load->helper('url');                            // 导入辅助类 url
        $this->load->model('User_Model');                     // 导入模型文件
        $per_page = 4;                                         // 每页显示 4 个记录
        $config['base_url'] = site_url('User/userinfo/page');    // 给定 url 根地址
        $config['per_page'] = $per_page;
        $config['reuse_query_string'] = true;
        $config['first_link'] = false;
        $config['prev_link'] = '&laquo';
        $config['next_link'] = '&raquo';
        $config['last_link'] = false;
        $config['next_tag_open'] = '<li>';
        $config['next_tag_close'] = '</li>';
        $config['num_tag_open'] = '<li>';
        $config['num_tag_close'] = '</li>';
        $config['prev_tag_open'] = '<li>';
        $config['prev_tag_close'] = '</li>';
        $config['cur_tag_open'] = '<li class="active"><a href="#">';
        $config['cur_tag_close'] = '</a></li>';
        $rs = $this->User_Model->userList($per_page);         // 获取每页的记录数据
        $config['total_rows'] = $rs['total'];
        $data['users'] = $rs['data'];
        $this->pagination->initialize($config);
        $data['page']=$this->pagination->create_links();
        $this->load->view('userpage',$data);
    }
}
```

第 4 步：同样，在原有视图文件 userpage 里增加一个显示分页标记，代码如下：

```
<style>
    li{display: inline-block;width: 20px;list-style: none;}        // 设置列表 li 样式
</style>
<h4>分页显示示例 </h4>
<table border="1">
    <tr>
        <td> 用户名 </td>
        <td> 用户密码 </td>
        <td> 用户注册时间 </td>
    </tr>
    <?php foreach ($users as $key => $value) { ?>
    <tr>
        <td><?php echo $value['username'] ;?></td>
        <td><?php echo $value['userpwd'] ;?></td>
        <td><?php echo $value['reg_time'] ;?></td>
    </tr>
    <?php } ?>
</table>
<ul style="padding:0px;margin:0px;" class="pagination">        // 使用列表样式
    <?php echo $page;?>                                         // 分页显示标记
</ul>
```

第 5 步：此时 MVC 三方面都准备好了，就直接在浏览器里开始测试。在浏览器地址栏输入
"http://localhost/ciapp/index.php/user/userinfo"，运行结果如图 4.32 所示。

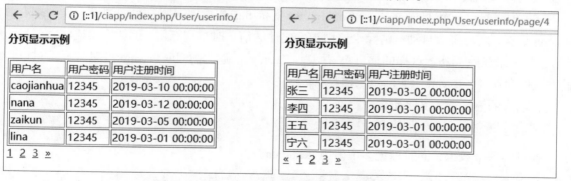

图 4.32　分页类使用效果

2. session 会话类

有关会话处理的 session 和 cookie 两种方式在第 3 章已经详细介绍过。在 CI 框架里同样提供了 session 类，因为 session 类通常会在每个页面载入的时候全局运行，所以 session 类必须首先被初始化。可以在控制器的构造函数中初始化，也可以在系统中自动加载。session 类基本上

都是在后台运行，当初始化 session 之后，系统会自动读取、创建和更新 session 数据。

（1）常规 session　要手动初始化 session 类，可以在控制器的构造函数中使用 $this->load->library() 方法。

```
$this->load->library('session');
```

初始化之后，就可以使用下面的方法来访问 session 对象了。

```
$this->session
```

可以使用 set_userdata() 函数将数据（包括数组）添加到 session 里，例如：

```
$this->session->set_userdata('username','caojianhua');
或者：  $userdata=array('username'=>'caojianhua');
$this->session->set_userdata($userdata);
```

要读取 session 里的数据时，可以用 userdata() 函数。

```
$this->session->userdata();                           // 不加参数时默认所有的 item
```

如果判断 session 里是否存在某个 item，可以用 has_userdata() 函数。

```
$this->session->has_userdata('username');
```

如果需要删除 session 里的值，可以使用 unset() 函数。

```
unset($_SESSION);
或者：$this->session->unset_userdata('username') ;        // 清除某个特定的 item
```

要清除或销毁所有的 session，使用 session_destroy() 函数即可。

（2）flashdata 一次性 session　　CodeIgniter 支持 flashdata，是指一种只对下一次请求有效的 session 数据，之后将会自动被清除。这用于一次性的信息时特别有用，例如错误或状态信息（如 "第二条记录删除成功" 这样的信息）。注意，flashdata 就是常规的 session 变量，只不过以特殊的方式保存在 "__ci_vars" 键下。其用法如下：

将已有的值标记为 flashdata。

```
$this->session->mark_as_flash('item');
```

通过传一个数组，同时标记多个值为 flashdata。

```
$this->session->mark_as_flash(array('item', 'item2'));
```

使用下面的方法来添加 flashdata。

```
$_SESSION['item'] = 'value';
$this->session->mark_as_flash('item');
```

或者，也可以使用 set_flashdata() 方法。

```
$this->session->set_flashdata('item', 'value');
```

还可以传一个数组给 set_flashdata() 方法，和 set_userdata() 方法一样。

读取 flashdata 和读取常规的 session 数据一样，通过 $_SESSION 数组。

```
$_SESSION['item']
```

如果要确保读取的就是 flashdata 数据，而不是其他类型的数据，可以使用 flashdata() 方法。

```
$this->session->flashdata('item');
```

或者不传参数，直接返回所有的 flashdata 数组。

```
$this->session->flashdata();
```

（3）Tempdata 临时 session　CodeIgniter 还支持 tempdata，是指一种带有有效时间的 session 数据，当它的有效时间已过期，或在有效时间内被删除，都会被自动清除。

和 flashdata 一样，tempdata 也是常规的 session 变量，只不过以特殊的方式保存在 "__ci_vars" 键下（请不要乱动这个值）。

将已有的值标记为 tempdata，只需简单地将要标记的键值和过期时间（单位为 s）传给 mark_as_temp() 方法即可。

```
// 'item' will be erased after 300 seconds
$this->session->mark_as_temp('item', 300);
```

也可以同时标记多个值为 tempdata，有下面两种不同的方式，这取决于是否要将所有值都设置成相同的过期时间。

```
// Both 'item' and 'item2' will expire after 300 seconds
$this->session->mark_as_temp(array('item', 'item2'), 300);
// 'item' will be erased after 300 seconds, while 'item2'
// will do so after only 240 seconds
$this->session->mark_as_temp(array(
    'item'  => 300,
    'item2' => 240
));
```

使用下面的方法添加 tempdata。

```
$_SESSION['item'] = 'value';
$this->session->mark_as_temp('item', 300); // Expire in 5 minutes
```

或者，也可以使用 set_tempdata() 方法。

```
$this->session->set_tempdata('item', 'value', 300);
```

还可以传一个数组给 set_tempdata() 方法。

```
$tempdata = array('newuser' => TRUE, 'message' => 'Thanks for joining!');
```

```
$this->session->set_tempdata($tempdata, NULL, $expire);
```

如果没有设置 expiration 参数，或者设置为 0 ，将默认使用 300 s（5 min）作为生存时间（time-to-live）。

要读取 tempdata 数据，可以再一次通过 $_SESSION 数组。

```
$_SESSION['item']
```

如果要确保读取的就是 tempdata 数据，而不是其他类型的数据，可以使用 tempdata() 方法。

```
$this->session->tempdata('item');
```

或者不传参数，直接返回所有的 tempdata 数组。

```
$this->session->tempdata();
```

如果需要在某个 tempdata 过期之前删除它，可以直接通过 $_SESSION 数组来删除。

```
unset($_SESSION['item']);
```

下面以一个登录实例来说明 CI 框架里 session 的基本用法。

【例 11】以本章的 hello 网站为例，登录网页后将用户名保存在 session 里

在 4.2.3 节案例练习时建立了一个登录网页，如图 4.33 所示。

扫一扫，看微课

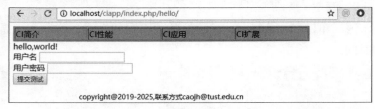

图 4.33　hello 网站首页登录页面

第 1 步：图 4.33 源代码为 hello.php 视图文件，这里继续沿用，不做任何修改即可。

```
<div>
    <?php echo 'hello,world!' ;?>
    <form action="<?php echo site_url('Hello/login');?>" method="post">
        // 提交表单后跳转至 Hello 控制器中的 login 方法
        <div>
            <label for="username"> 用户名 </label>
            <input type="text" name="username">
        </div>
        <div>
            <label for="userpwd"> 用户密码 </label>
            <input type="password" name="userpwd">
        </div>
        <div>
```

```
            <input type="submit" name="submit" value=" 提交测试 ">
        </div>
    </form>
</div>
```

第 2 步：在 Hello 控制器文件中增加 login 方法，同时登录成功后将进入 welcome 视图，在 welcome 视图文件中呈现 session 会话结果。因此整个 Hello 控制器代码修改如下：

```php
<?php
defined('BASEPATH') OR exit('No direct script access allowed');
class Hello extends CI_Controller {
    function __construct(){                      // 添加构造函数
        parent::__construct();                   // 集成父类构造函数
        $this->load->helper('url');              // 导入辅助函数 url
        $this->load->library('session');         // 导入 session 类
    }
    public function index(){                      // 首页 index 方法
        $this->load->view('header');
        $this->load->view('hello');               // 装载 hello 视图文件
        $this->load->view('footer');
    }
    public function login(){                       // 用户登录方法
        $this->load->model('User_Model');         // 导入模型文件
        $res=$this->User_Model->login();          // 调用其中的 login 方法，返回结果
        if($res){                                  // 如果结果为真
            $url = site_url('Hello/welcome'); // 将 URL 保存
            header("Location:".$url);// 跳转至 Hello 控制器中的 welcome 方法
        }else{                                     // 如果结果为 "假"
            echo ' 未能成功登录! ';                // 提示未能成功登录
        }
    }
    public function welcome(){                      //welcome 方法
        $data['username']=$this->session->userdata('username');
                                                   // 将用户名保存到
    session 变量中，并传递至视图文件
        $this->load->view('header');
        $this->load->view('welcome_message',$data);
        $this->load->view('footer');
    }
}
```

第 3 步：第 1 步中提交的表单信息采用 post 方式获取，这里的业务逻辑是：获取了表单用户名和用户密码信息后，根据 username 用户名来查询数据表 user 中对应具有用户名的记录，同时

返回存储在数据库中的密码，并将其与表单中的密码进行比对，如果相同，则返回 1，如果不相同，则返回 0。在模型 User_Model 文件中新建一个 login 方法来处理这个逻辑判断。代码如下：

```php
<?php
class User_Model extends CI_Model
{
    function __construct()
    {
        $this->load->database();
    }
    public function login(){
        $username=$this->input->post('username');// 获取表单中的 username
        $userpwd=$this->input->post('userpwd'); // 获取表单中的 userpwd
        $userdata=array('username'=>$username); //组建用户数组
        $res=$this->db->get_where('user',$userdata)->row_array();
                                                // 数据库查询该用户所有信息
        if($userpwd==$res['userpwd']){          // 查询的密码与表单中的密码进行比较
            $this->session->set_userdata('username',$username);// 为"真"时存储
到 session 中
            $status=1;          // 状态设定为 1
        }else{
            $status=0;          // 为假时状态设定为 0
        }
        return $status;          // 将比较状态结果返回到控制器 login 方法中
    }
```

第 4 步：由于上述步骤中控制器 hello 中 welcome 方法已经修改，这里就在视图文件 welcome_message 中添加一个读取 session 变量的语句即可，放在代码顶部。

```php
<?php if(!empty($username)) {echo '当前登录用户为 '.$username;} else{ echo '尚未登录! ';} ?>
```

第 5 步：开始测试，效果如图 4.34 所示。

图 4.34　session 保存用户信息运行效果图

这个案例在整个处理业务流程中还是遵循了 MVC 的思想，即在视图端发送请求给控制器，

控制器负责调度模型层，模型层传递结果给控制器，然后控制器将结果传递到页面端显示。

4.3.2 CodeIgniter 辅助类库

CI 框架提供了不少辅助类库，前面本章案例中不少都用到了辅助类库的 URL 类。CI 框架的辅助类库存放在 system 文件夹下的 helpers 下，如图 4.35 所示。

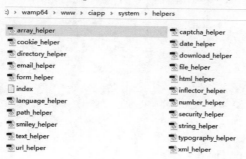

扫一扫，看微课

图 4.35　CI 框架中辅助类文件

helpers 中常用辅助类及其主要用途见表 4.4。

表 4.4　helpers 中常用辅助类及其主要用途

类名	用途	类名	用途
array_helper	数组辅助类	language_helper	语言辅助类
captcha_helper	验证码辅助类	number_helper	数字辅助类
cookie_helper	cookie 辅助类	security_helper	安全辅助类
date_helper	日历辅助类	smiley_helper	表情辅助类
directory_helper	目录辅助类	string_helper	字符串辅助类
download_helper	下载辅助类	text_helper	文本辅助类
email_helper	email 辅助类	typography_helper	排版辅助类
file_helper	文件辅助类	url_helper	路由辅助类
form_helper	表单辅助类	xml_helper	xml 辅助类
html_helper	HTML 辅助类	inflector_helper	inflector 辅助类

下面对几个最常用的辅助类的方法、原理和使用步骤进行介绍，其他的读者可以参考框架用户手册。

1. 验证码辅助函数

该辅助函数通过下面的代码加载：

```
$this->load->helper(' captcha ');
```

如在控制器方法中添加辅助验证码生成函数，运行代码如下：

```
$this->load->helper('captcha');
$vals = array(
    'word' => rand(1000, 10000),
    'img_path' => './captcha/',
    'img_url' => 'http://localhost/ci/captcha/',
    //'font_path' => './path/to/fonts/texb.ttf',
    'img_width' => '150',
    'img_height' => 30,
    'expiration' => 7200
    );
$cap = create_captcha($vals);
echo $cap['image'];
```

2. 文件辅助函数

该辅助函数通过下面的代码加载：

```
$this->load->helper('file');
```

可用于读取文件，格式为

```
$string = read_file('./path/to/file.php');          // 注意文件的路径
```

也可以向指定文件中写入数据，如果文件不存在，则创建该文件。用法如下：

```
write_file('./path/to/file.php', $data);          // 将 data 写入 file.php 文件
```

删除文件的方法如下：

```
delete_files('./path/to/directory/', TRUE);       // 删除文件夹下所有文件
delete_files('./path/to/directory/file.php');     // 删除指定文件
```

3.URL 辅助函数

这部分内容在前面已经有所介绍，这里再举例说明。

该辅助函数通过下面的代码加载：

```
$this->load->helper('url');
```

获得站点 URL：site_url( ) 函数。

根据配置文件返回站点 URL。index.php（获取其他在配置文件中设置的 index_page 参数）将会包含在 URL 中，另外再加上传给函数的 URI 参数，以及配置文件中设置的 url_suffix 参数。推荐在 CI 框架中都使用这种方法来生成 URL，这样在 URL 变动时代码将具有可移植性。

传给函数的 URI 段参数可以是一个字符串，也可以是数组，下面是字符串的例子：

```
echo site_url('news/local/123');
```

上例将返回类似于：http://example.com/index.php/news/local/123。

获得根目录 URL：base_url( ) 函数。

根据配置文件返回站点的根 URL，例如：

```
echo base_url();
```

该函数和 site_url() 函数相同，只是不会在 URL 的后面加上 index_page 或 url_suffix。

另外，和 site_url() 一样的是，也可以使用字符串或数组格式的 URI 段。下面是字符串的例子：

```
echo base_url("blog/post/123");
```

上例将返回类似于：http://example.com/blog/post/123。

跟 site_url() 函数不一样的是，可以指定一个文件路径（例如图片或样式文件），这将很有用，例如：

```
echo base_url("images/icons/edit.png");
```

将返回类似于：http://example.com/images/icons/edit.png。

例如：如果将 jQuery 框架文件放在根目录 public/js 文件夹下，就需要使用这种方式获取：base_url('public/js/jquery.js')。

本节介绍了 CI 框架自带的一些类库，非常实用。由于现在 JavaScript 功能越来越强大，已经有许多开放源代码的 JavaScript 小插件可以实现这些类库的功能，非常方便，如分页插件、验证码插件、表单验证插件、弹窗插件、表格插件等。建议读者在选用 CI 框架开发网站系统过程中，可以使用一些美观、实用的 JavaScript 插件，使得网页交互性更强、更美观。

4.4　CodeIgniter 扩展

CodeIgniter 框架目录中 system 文件夹中为框架核心文件，包括 core 核心类、database 数据库类、fonts 字体类、helpers 辅助类、language 语言类和 libaries 类库，如图 4.36 所示。

图 4.36　CI 框架 system 目录结构

这些框架核心文件代码建议读者不要随便修改，或者是禁止修改。细心的读者应该可以发现，在 application 应用程序文件夹下也有这些相同类名的文件夹（图 4.37）。打开时可以发现文件夹里只有一个防遍历的空文件 index.html。这给开发人员留下了自由发挥和扩展的空间，有经验的开发者可以编写扩展的辅助类、类库，以及引入第三方类文件。实际上整个 application 文件夹除了 config 目录外，其余的都是开发者根据项目需要自行开发和扩展的。如果想扩展系统类，就可以在 core 目录下新建相应的系统类；如果想扩展辅助类，就可以在 helpers 目录下新建辅助类文件；如果要引入第三方类，如集成短信发送服务，就可以在 third_party 目录下导入第三方安装包或者文件。

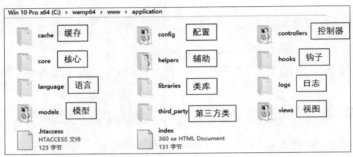

图 4.37　CI 框架 application 目录结构

4.4.1　自定义控制器

扫一扫，看微课

CodeIgniter 框架所有的控制器都必须继承 CI_Controller 类，但 CI_Controller 类位于 system 目录下，不太方便修改。为方便做一些公用的处理，如公用帮助函数、公用类库、公用方法，通常情况下会在 core 下创建 MY_Controller，用来继承 CI_Controller，从而项目中所有的控制器继承 MY_Controller。

（1）修改 config 配置。首先系统扩展类是需要存放在 application/core 目录下。CI 框架系统核心类是 CI_Controller，所以系统扩展类不能以 CI_ 开头，打开 application/config/config.php 找到如下语句并修改为：

$config['subclass_prefix'] = 'MY_';

目前，CI 框架 3 版本在该 config 配置文件下已经设置好系统扩展类的前缀，所以读者不用修改。

（2）在 core 目录下编写 MY_Controller.php 控制器扩展类。

注意，这个文件的命名一定是 MY_Controller.php，前缀 MY 来源于 config 配置设定，controller 代表是自定义控制器。

```php
<?php
/**
 *  自定义控制器类
```

```
*/
class MY_Controller extends CI_Controller {
    public function __construct(){              // 构造函数
    parent::__construct();                      // 继承使用父类相关成员变量和函数
}
```

（3）在 controller 目录下自定义控制器文件。

```
<?php
/**
    * 自定义控制器文件
*/
class Home extends MY_Controller {              // 定义 Home 控制器继承 MY_Controller 类
    public function __construct() {             // 构造函数
        parent::__construct();                  // 继承使用父类公用变量和函数
}
```

在两个控制器定义时均使用了构造函数，通过构造函数可以在调用控制器时直接启动父类中的方法或函数。因此可以将一些公用的方法、类库等放在 MY_Controller 类中，而在 controller 目录下自定义业务相关控制器时就可以直接调用，无需在业务控制器里重新定义和调用。例如，在开发某些交易类型网站时，一直需要判断用户是否已经登录，只有登录状态为"真"时才能启动用户的交易业务和查询业务。可以将判断用户登录状态放在 MY_Controller 中，这样每个业务控制器启动时都会自动调用这个判断方法，在一定程度上使得业务控制器代码较为简洁。

【例 12】自定义控制器使用。

第 1 步：在 application 文件夹下 core 目录中新建 MY_Controller.php 自定义控制器类，编写判断用户是否登录代码。

```
class MY_Controller extends CI_Controller {          // 扩展 CI_Controller
    public function __construct(){                    // 编写构造函数
        parent::__construct();                        // 继承父类相关变量和函数
        $this->check_login();                         // 构造函数中加入判断是否登录方法
    }
    public function check_login( ){                   // 判断是否登录函数
        if ($this->session->user=='') {              // 如果 session 变量中 user 的值为空
            header('Location:'.site_url('Home/index'));// 跳转至首页
            exit();                                   // 退出当前页面状态
        }
    }
}
```

第 2 步：在 controller 目录下自定义控制器文件 Home.php，在其构造函数中使用 parent::

__construct( ) 语句。该语句用于继承父类定义方法，使得当启动 Home 控制器时自动调用 MY_Controller 中的判断登录方法。

```php
<?php
class Home extends MY_Controller {          // 定义 Home 控制器继承 MY_Controller 类
    public function __construct() {          // 构造函数
        parent::__construct();               // 继承使用父类公用变量和函数
    }
}
```

第 3 步：也可以将判断是否登录语句单独定义成 MY_Controller 控制器中的方法，即将第 1 步中的代码修改为

```php
class MY_Controller extends CI_Controller {// 扩展 CI_Controller
    public function __construct(){            // 编写构造函数
        parent::__construct();               // 继承父类相关变量和函数
    }
    public function check_login( ){          // 判断是否登录函数
        if ($this->session->user=='') {      // 如果 session 变量中 user 的值为空
            header('Location:'.site_url('Home/index'));// 跳转至首页
            exit();                          // 退出当前页面状态
        }
    }
}
```

第 4 步：在 Home 控制器中调用方法变成为

```php
<?php
class Home extends MY_Controller {          // 定义 Home 控制器继承 MY_Controller 类
    public function __construct() {          // 构造函数
        parent::__construct();               // 继承使用父类公用变量和函数
    }
    publicfunctiontrade( ){                  // 定义交易 trade 方法
        $this->check_login( );               // 首先需要检测用户是否登录
    }
}
```

4.4.2　自定义模型

与自定义控制器一样，开发者也可以自定义数据模型。

在 application 应用程序文件夹下的 core 目录下新建一个自定义模型文件，命名规则采用 MY 作为前缀，整体命名为 MY_Model.php。

```
class MY_Model extends CI_Model {        // 扩展 CI_Model 模型类
  public function __construct() {        // 构造函数
      parent::__construct();             // 继承 CI_Model 模型方法
  }
}
```

然后在根据业务逻辑需要回到 model 目录下新建一个数据模型文件，起始代码如下：

```
class Home extends MY_Model {           // 扩展 MY_Model 模型类
  public function __construct() {       // 构造函数
      parent::__construct();            // 继承 MY_Model 模型方法
  }
}
```

对于某些通用的数据处理业务，如查询数据表中所有记录，可以在 MY_Model 自定义模型中将查询所有记录的业务写成通用函数，加入一个数据表名参数。

```
class MY_Model extends CI_Model {        // 扩展 CI_Model 模型类
  public function __construct() {        // 构造函数
      parent::__construct();             // 继承 CI_Model 模型方法
  }

  public function getAll($tablename){    // 自定义获取记录方法 getAll
      $res=$this->get('{$tablename}')->result_array();  // 查询业务
      return $res;                       // 返回查询结果
  }
}
```

然后在自定义数据模型文件中编写如下代码。

```
class Home extends MY_Model {            // 扩展 MY_Model 模型类
  public function __construct() {        // 构造函数
      parent::__construct();             // 继承 MY_Model 模型方法
  }

  public function UserList(){            //Home 数据模型中的 UserList 方法
      $res=$this->getAll('user');        // 获取 user 表中所有用户记录
  }
}
```

另外一种情况：在获取页面端输入并需要对输入信息进行数据库相关操作时，除了在页面显示端用 jQuery 框架技术做输入验证外，还可以在数据处理层面检查输入是否为空。这时就可以在自定义模型 MY_Model 中加入一个判断是否输入为空的函数。

```
class MY_Model extends CI_Model {
```

```
    public function __construct() {      // 构造函数
        parent::__construct();
    }
    // 判断数据是否为空
    function checkEmpty ($data) {         // 定义一个 checkEmpty 函数
        foreach ($data as $key=>$v){      // 循环数组里每个键对应的值
            if(trim($v)==''){             // 如果输入为空
                die("{\"status\":-1,\"errmsg\":\" 请输入完整 \"}");
                                          // 当前页面退出并提示
                return false;             // 终止当前处理
            }
        }
        return true;                      // 否则继续下一步
    }
}
```

然后在自定义数据模型文件中就可以在相关模型方法中调用这个函数。

```
class Home extends MY_Model {             // 扩展 MY_Model 模型类
    public function __construct() {       // 构造函数
        parent::__construct();            // 继承 MY_Model 模型方法
    }

    public function UserAdd(){            //Home 数据模型中的 UseAdd 方法
        $data=array('usename'=>$this->input->post('username')); // 获取用户数据
        $this->checkEmpty($data);         // 判断接收到的输入是否为空
    }
}
```

4.4.3 自定义类库

类库，是指位于 libraries 这个目录下的类。除了原生框架自带的类库外，开发人员还可以自行开发相关类库存放在 libraries 目录下，然后在控制器方法中实现调用。

命名约定如下：

● 文件名首字母必须大写，例如，Myclass.php；
● 类名定义首字母必须大写，例如，class Myclass；
● 类名和文件名必须一致。

类应该定义成如下原型：

```
<?php
defined('BASEPATH') OR exit('No direct script access allowed');
```

```
class Someclass {                        // 定义类名
   public function some_method()          // 定义成员函数
   {
   }
}
```

在定义完成后，就可以开始使用了。使用时方法与框架原始类库一致，即首先在控制器方法中初始化定义类。

```
$this->load->library('someclass');    // 导入自定义类名
```

其中，someclass 为文件名，不包括 .php 文件扩展名。文件名可以写成首字母大写，也可以全写成小写，CodeIgniter 都可以识别。

然后就可以使用小写字母名称来访问。

```
$this->someclass->some_method();         // 加载使用自定义类中的方法
```

还可以在自定义类库时使用参数，此时在定义类库原型时就需要修改。

```
<?php defined('BASEPATH') OR exit('No direct script access allowed');
class Someclass {
   public function __construct($params)     // 构造函数中加入参数变量
   {
       // Do something with $params
   }
}
```

然后在控制器方法初始化定义类时，就可以传入参数，如：

```
$params = array('type' => 'large', 'color' => 'red');
$this->load->library('someclass', $params);          //library 函数第二个变量动态传参
```

通常，在控制器方法中使用 CI 原生框架资源时，可以直接使用 $this 来调用可用的 CI 框架方法和类库，但 $this 只能在控制器、模型或视图中直接使用，不能在自定义类库中使用。

如果想在自定义类库中使用 CodeIgniter 原生框架资源，可以在自定义类库中使用 get_instance() 函数来访问 CodeIgniter 的原生资源，这个函数返回 CodeIgniter 超级对象。

将 CodeIgniter 对象赋值给一个变量。

```
$CI =& get_instance();
```

一旦把 CodeIgniter 对象赋值给一个变量之后，就可以使用这个变量来代替 $this。

```
$CI =& get_instance();                   //CI 超级对象实例化
$CI->load->helper('url');                // 导入实例的辅助类方法
$CI->load->library('session');           // 导入实例的类库
$CI->config->item('base_url');           // 配置相应的项目
```

4.5　CodeIgniter 综合实践

扫一扫，看微课

前面已经对 CI 框架有了较深入的了解，熟悉了其 MVC 架构思想和运行机制，但网站开发是个系统任务。前面大部分案例都是与客户端相关的，对于网站而言，后台管理员端也是非常必要的。客户端需要交互性强、页面美观、设计新潮；后台管理员端就需要具有明确的管理功能，包括网站用户管理、新闻管理、产品管理、数据库管理等，是对数据库的所有信息的按需重排显示和管理。为了让读者更熟悉 CI 框架，熟悉前端、后端运行机制，本节设置了新闻管理系统案例供大家参考练习。

这个案例包括客户端新闻显示、后台管理端新闻管理两个模块。主要功能如下。

● 新闻客户端：新闻标题列表分页、具体内容显示。

● 新闻管理端：新闻添加、删除、修改等管理功能。

下面按实际开发流程进行实践练习。

（1）部署开发运行环境。在 windows 10 操作系统环境下安装 wampserver 服务器，并启动所有服务，然后在其 www 目录下新建一个 news 目录，将 CI 框架压缩包解压缩至该文件夹。打开浏览器，在地址栏输入 "http://localhost/news"，如果出现欢迎页面，说明 CI 部署成功（图 4.38）。

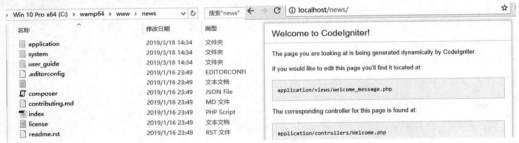

图 4.38　CI 框架安装及测试

（2）使用 phpMyAdmin 图形化数据库管理软件，新建一个 company 数据库，同时新建一个 news 表，在表里设计好表的结构。对于 news 类，表中主要字段包括 newsID、title、content、author、publish_time，其中 newsID 为主键（图 4.39）。

（3）回到 CI 框架，修改相关配置（图 4.40）。主要包括数据库配置、路由配置。在 application 文件夹下 config 目录中找到 database.php，将数据库名、用户名、密码等信息输入，这里数据库名为 company，用户为 root，密码为 root123。然后找到 routes.php，修改默认控制器为 news。直接将 controller 目录下的 Welcome.php 控制器名修改为 News.php。

#	名字	类型	排序规则	属性	空	默认	注释	额外	操作
1	newsID	int(11)			否	无		AUTO_INCREMENT	修改
2	title	varchar(50)	utf8_general_ci		否	无			修改
3	content	text	utf8_general_ci		否	无			修改
4	author	varchar(50)	utf8_general_ci		否	无			修改
5	publish_time	datetime			否	无			修改

图 4.39　数据库、数据表和结构创建

```
$db['default'] = array(
    'dsn'      => '',
    'hostname' => 'localhost',
    'username' => 'root',
    'password' => 'root123',
    'database' => 'company',
    'dbdriver' => 'mysqli',
```

```
<?php
defined('BASEPATH') OR exit('No direct script access allowed');
$route['default_controller'] = 'news';
$route['404_override'] = '';
$route['translate_uri_dashes'] = FALSE;
```

　　(a) 数据库　　　　　　　　　　　　　(b) 默认控制器

图 4.40　修改 CI 框架默认配置

（4）本案例有客户端和管理员端，设计一个网站首页，单击客户端就进入新闻列表页，单击管理员端就进入新闻管理页面。根据 CI 框架的架构思路，在默认控制器 News 里的 index 默认方法装载一个视图文件，这里我们命名为 index。然后在 views 菜单下新建一个 index.php 文件，并按照刚才的需求设计将视图设计出来（图 4.41）。在实际设计时还增加了一张图片，以便首页更为美观，该图片存放在与根目录下的 public 目录下。

进入新闻客户端　　进入新闻管理端

图 4.41　网站 index 首页设计

首页的源代码参考如下：

```
<style>
    .container{width: 600px;height: 400px;background: #f0f0f0;}
    .box{text-align: center;}
    .box li{display: inline-block;margin: 15px;font-size: 20px;}
</style>
<div class="container">
```

```
<div class="img"><img src="public/news.png" alt=""></div>   // 显示图片
<div class="box">
 <li><a href="<?php echo site_url('News/news_client')?>">进入新闻客户端 </a></li>
 <li><a href="<?php echo site_url('News/news_admin')?>">进入新闻管理端 </a></li>
</div>
</div>
```

（5）按照先有内容后有显示、管理等需求的原则，先设计后台管理员端，实现新闻添加功能。首先在 News 控制器下新建一个 news_admin 方法，用于后台新闻管理，并预先设计装载视图文件 news.php。因为后台新闻管理页面需要新闻列表显示、某条选定新闻的编辑需求，因此在建立 news_admin 方法时，就要将数据模型考虑进去，也就是页面显示的新闻数据要从数据库中读取出来。目前还没有数据，所以先考虑增加记录。

```
// 后台管理端显示已有新闻，并添加新闻
public function news_admin()
{   $this->load->helper('url');
    $this->load->model('News_Model');              // 导入新闻模型文件
    $data['news']=$this->News_Model->newsList();   // 导入新闻模型里的新闻列
                                                       表方法
    $this->load->view('admin/news',$data);         // 将数据传递到视图文件
                                                       news.php
}
```

（6）在 views 文件夹下新建一个 admin 目录，然后新建一个 news.php 文件。用 sublime 网页编辑器打开该文档，设计提交新闻表单页面，主要包括新闻添加、已有新闻列表、已有新闻更改或删除功能。

新闻后台管理页的原始代码如下：

```
<style>
    th,td{border:1px solid #eee;font-size: 14px;text-align: center;}
    .container{text-align: right;width: 600px}
</style>
<h4> 欢迎进入新闻管理页面 </h4>
<div class="container">
    <span><a href="<?php echo site_url('News/news_add') ?>">添加新闻 </a></span>
</div>
<div>
<table border="0" width="600px" >
```

```
<thead style="background: #eee">
    <th> 序号 </th>
    <th> 标题 </th>
    <th> 发布人 </th>
    <th> 发布时间 </th>
    <th> 管理 </th>
</thead>
<tbody>
<?php if(empty($news)) {echo ' 尚未有新闻发布 ';}else{
    foreach ($news as $k => $v) { ?>
        <tr>
            <td><?php echo $v['newsID'];?></td>
            <td><?php echo $v['title'];?></a></td>
            <td><?php echo $v['author'];?></td>
            <td><?php echo $v['publish_time'];?></td>
        <td><a href="<?php echo site_url('News/newsUpdate')?>?id=<?php echo
$v['newsID']?>"> 修改 </a>
            <a href="<?php echo site_url('News/newsDelete')?>?id=<?php echo
$v['newsID']?>"> 删除 </a>
        </td>
    </tr>
    <?php } } ?>
</tbody>
</table>
</div>
```

（7）上述代码设计添加新闻指向为 News 控制器下的 newsadd 方法。

注意，在 News 控制器中新增 newsadd 方法，同时在 views/admin 目录下新增一个 newsadd. php 视图文件用于设计表单提交新闻（图 4.42）。

图 4.42　新闻添加页面视图及源代码页面

（8）当新闻填写完毕提交时，form 的 action 属性为控制器的 newsaddOK 方法，这个方法用于处理表单信息接收，同时插入数据库表中，因此这个控制器方法中先要调用模型文件，利用数据模型去处理表单信息并新增到数据库表中，然后再返回给控制器方法。

在 News 控制器里新增一个 newsaddOK 方法，预先设计一下需要用的模型和模型方法，设定模型名为 News_Model，方法为 news_insert。

```php
// 处理新增新闻事件方法
public function newsaddOK(){
    $this->load->helper('url');              // 导入辅助 url 类
    $this->load->model('News_Model');        // 导入 News 模型
    $rs=$this->News_Model->news_insert();    // 获得 news_insert 方法传回的结果
    if($rs){                                 // 如果结果为真
        $url=site_url('News/news_admin');
        header('location:'.$url);            // 路由至 news_admin 方法
    }else{
        echo ' 请重新填写！';                 // 否则请重新填写
    }
}
```

然后再到 application /model 目录下新建一个 News_Model.php 文件，同时在其代码里开始编写 news_insert 方法。

```php
// 新闻添加模块
public function news_insert(){
    $data=array('title'=>$this->input->post('title'),
                                    // 获取表单里的 title 信息
        'content'=>$this->input->post('content'),
                                    // 获取表单里的 content 信息
        'author'=>$this->input->post('author'),
                                    // 获取表单里的 author 信息
        'publish_time'=>date('Y-m-d H:i:s'));    // 记录提交时的时间
    $res=$this->db->insert('news',$data);        // 将数据插入数据库，返回操作结果
    if($res){ // 如果为真
        $status=1;          // 状态 status 参数为 1
    }else{                  // 如果为假
        $status=0;          // 状态 status 参数为 0
    }
    return $status;         // 传递 status 值到控制器方法 newsaddOK
}
```

（9）打开浏览器，在地址栏输入"http://localhost/news/"，选择进入新闻管理页面，单击添

加新闻，输入相应内容，形成多条新闻数据库。这样数据库里就有新闻数据了。刷新浏览器，就可以显示出刚才添加的多条新闻 (图 4.43)。

欢迎进入新闻管理页面

添加新闻

序号	标题	发布人	发布时间	管理
15	中国联通：2019年将全网开通VoLTE	搜狐	2019-03-18 12:27:05	修改 删除
14	中关村科技城吸引大量投资	搜索焦点	2019-03-18 12:11:02	修改 删除
13	两会：教师评职称到底有多痛？还取消每周双休？	今日教育杂志	2019-03-18 12:09:50	修改 删除
12	日本为什么没有乞丐？原来是因为这个！	日本控	2019-03-18 12:09:18	修改 删除
11	还用担心炒房者推高房价吗？这个城市已经率先放招了	光宇吐楼市	2019-03-18 12:08:00	修改 删除
10	北上广深租房图鉴：哪座城市最友好？	黔讯网	2019-03-18 12:06:54	修改 删除

图 4.43　新闻管理端页面显示效果

（10）设计修改操作。在控制器方法里新增 newsUpdate 方法，由于新闻的编辑涉及数据库新闻数据操作，因此需要引入相关的数据模型操作。

在控制器方法里新增 newsUpdate 方法代码如下：

```php
// 修改新闻模块
public function newsUpdate(){
    $this->load->helper('url');
    $id=$this->input->get('id');                        // 获取选定新闻的 ID 号
    $this->load->model('News_Model');                   // 导入新闻模型文件
    $data['news_one']=$this->News_Model->news_one($id); // 获取该条新闻的详细内容
    $this->load->view('admin/newsedit',$data);          // 将内容传递到视图页面文件
}
```

修改该条新闻需要在一个页面中进行，在 views 目录的 admin 文件夹下新建一个视图 PHP 文件，上述 newsUpdate 代码中视图文件命名为 newsedit.php，代码如下：

```php
<style>
    th,td{border:1px solid #eee;font-size: 14px;text-align: center;}
    .container{text-align: right;width: 600px}
</style>
<h4> 欢迎进入新闻管理页面 </h4>
<div>
<form action="<?php echo site_url('News/newsUpdateOK'); ?>" method="post">
// 表单提交属性
<table border="0" width="700px" >
    <thead style="background: #eee">
        <th> 序号 </th>
        <th> 标题（可编辑）</th>
        <th> 发布内容（可编辑）</th>
        <th> 发布时间 </th>
        <th> 管理 </th>
```

```
        </thead>
        <tbody>
          <tr>
              <td><?php echo $news_one['newsID'];?></td>
                <td><input type="text" name="title" value="<?php echo $news_
one['title']; ?>"></td>
              <td><textarea name="content" value="<?php echo $news_one['content']; ?>">
              <?php echo $news_one['content']; ?></textarea></td>
              <td><?php echo  $news_one['publish_time'];?></td>
              <td><input type="submit" value=" 保存修改 "> |
              <input type="reset" value=" 重填 ">
                <input  type="hidden"  name="id"  value="<?php  echo  $news_
one['newsID'];?>"                    // 将编辑选定新闻的 ID 号提交
              </td>
          </tr>
        </tbody>
    </table>
    </form>
    </div>
```

例如：在图 4.41 中在某条新闻记录后单击"修改"，就会跳转至 newsedit.php 页面，如图 4.44 所示。

图 4.44　选定新闻显示编辑页面视图

在该页面上修改标题或者内容后，单击"保存修改"就跳转到 newsUpdataOK 方法，代码如下：

```
// 修改新闻成功模块
  public function newsUpdateOK(){
      $this->load->helper('url');
      $this->load->model('News_Model');     // 导入新闻模型
      $id=$this->input->post('id');              // 获取选定编辑新闻的 ID 号
      $rs=$this->News_Model->news_edit($id);          // 用数据模型中的 news_edit 方法
                                                        进行处理
      if($rs){                                  // 若修改状态返回为真
        $url=site_url('News/news_admin');// 调整至新闻管理员端页面
        header('location:'.$url);
      }else{
```

```
          echo '请重新填写! ';                    // 否则提示重新填写
      }
  }
```

newsUpdataOK 方法负责处理修改事宜，需要调用数据模型，在数据模型中采用更新操作。
News_Model 中的 news_edit 方法如下：

```
// 新闻更改处理模块
public function news_edit($id){
   $data=array('title'=>$this->input->post('title'),
   'content'=>$this->input->post('content'));
                                          // 将修改的内容保存为数组
   $this->db->where('newsID', $id);       // 设定新闻记录的 ID 号
   $res=$this->db->update('news',$data);  // 对新闻记录进行更新处理
   if($res){                              // 如果更新状态成功
      $status=1;                          // 设定状态符号为 1
   }else{
      $status=0;                          // 否则状态符号为 0
   }
   return $status;                        // 返回更新状态至控制器
}
```

（11）设计删除操作。在控制器方法里新增 newsDelete 方法，同样需要引入数据模型中的数
据删除处理方法。

```
// 删除新闻模块
public function newsDelete(){
   $this->load->helper('url');
   $this->load->model('News_Model');       // 引入数据模型
   $id=$this->input->get('id');            // 获取选定新闻记录的 ID 号
   $rs=$this->News_Model->news_delete($id);// 引入 news_delete 模型方法处理
   if($rs){                                // 如果返回的状态为真表明删除成功
      $url=site_url('News/news_admin');
      header('location:'.$url);            // 跳转至管理员端页面
   }else{
      echo '请重新填写! ';                  // 否则提示重新填写
   }
}
```

当获得选定新闻的 ID 号后，就引入 news_delete 模型方法处理删除操作，代码如下：

```
// 新闻删除模块
public function news_delete($id){
   $res=$this->db->where('newsID',$id)->delete('news');// 删除选定 ID 号的新闻记录
```

```
    if($res){    $status=1;          }          // 当删除成功时设定状态为 1
    else  {      $status=0;          }          // 否则状态为 0
    return $status;                              // 返回删除状态至控制器
}
```

　　至此后台管理员端的新闻编辑操作就完成了。读者可以根据上述代码进行测试，确认是否可以添加新闻、删除新闻和更改新闻。

　　现在回到客户端设计。客户端只需要浏览新闻，就是新闻记录的显示功能。在 News 控制器中新建一个 news_client 方法，由于新闻来自于数据库，因此还需要引入数据模型文件中的读取新闻 newsList 方法。对于客户端而言，如果新闻记录过多，还需要进行分页显示。为此使用辅助函数分页类库。

　　（1）在 User_Model 中建立 newsListByPage( ) 方法获取新闻数据。

```
public function newsListByPage($per_page){
    $currpage=$this->uri->segment(4)==''?0:$this->uri->segment(4);
                                               // 获取当前页起始记录数
    $total_rows=$this->db->query('select count(newsID) as total from
news')->row_array();                           // 获取总记录数
    $curr_res=$this->db->query("select * from news order by publish_time desc
limit
{$currpage},{$per_page}")->result_array();      // 查询 limit 条件满足的记录数
    $data['total']=$total_rows['total'];
    $data['data']=$curr_res;
    return $data;
}
```

　　（2）在控制器 news_client 方法中设置分页显示标记，以及相应的数据调用和视图文件装载。

```
public function news_client (){
    $this->load->library('pagination');        // 引入分页类库
    $this->load->helper('url');
    $this->load->model('News_Model');
    $per_page = 3;                             // 设定每页显示记录为 3 条
    $config['base_url'] = site_url('News/news_client/page');
    $config['per_page'] = $per_page;
    $config['reuse_query_string'] = true;
    $config['first_link'] = false;
    $config['prev_link'] = '&laquo';
    $config['next_link'] = '&raquo';
    $config['last_link'] = false;
    $config['next_tag_open'] = '<li>';
    $config['next_tag_close'] = '</li>';
```

```php
$config['num_tag_open'] = '<li>';
$config['num_tag_close'] = '</li>';
$config['prev_tag_open'] = '<li>';
$config['prev_tag_close'] = '</li>';
$config['cur_tag_open'] = '<li class="active"><a href="#">';
$config['cur_tag_close'] = '</a></li>';
$rs = $this->News_Model->newsListByPage($per_page);   // 获取每页显示的新闻记录
                                                      数据
$config['total_rows'] = $rs['total'];
$data['news'] = $rs['data'];
$this->pagination->initialize($config);
$data['page']=$this->pagination->create_links();
$this->load->view('newsShow',$data);              // 将数据传递到视图文件
}
```

（3）在 views 文件夹下新建一个 newsShow.php 视图文件，用于显示新闻记录。参考代码如下：

```html
<style>
    .container{width: 800px;min-height: 400px;}
    li{display: inline-block;margin: 15px;font-size: 20px;}
    table{background: #f0f0f0;border:0;border-collapse: collapse;}
    td{border:1px solid #222;text-align: center;}
</style>
<div class="container">
<h4>查看最近新闻</h4>
<table>
    <tr>
        <td>标题</td>
        <td>内容</td>
        <td>时间</td>
    </tr>
    <?php foreach($news as $k=>$v){ ?>
    <tr>
        <td><?php echo $v['title']; ?></td>
        <td><?php echo $v['content']; ?></td>
        <td><?php echo $v['publish_time']; ?></td>
    </tr>
    <?php } ?>
</table>
<ul style="padding:0px;margin:0px;" class="pagination">
    <?php echo $page;?>
</ul>
</div>
```

（4）在浏览器地址栏输入"http://localhost/news"，选择进入客户端，可以看到页面效果如图 4.45 所示。

图 4.45　新闻客户端显示效果

第 5 章　HTML+jQuery+CI 框架综合实例

　　本章将综合应用前面所介绍过的 HTML、jQuery、MySQL 和 CI 框架技术开发一个公司门户网站，按照网站综合开发流程组织项目内容，包括功能设计、页面设计、数据库设计和模块代码开发。本章内容较为丰富，实践性强，读者可以边阅读边练习，以便巩固前面所学的知识，同时掌握网站系统开发技巧，提升自己的综合应用能力。

5.1 开发背景

公司门户网站是一个连接公司内部和外部的网站，它将公司的应用系统、数据资源和互联网资源集成到一个信息管理平台上，并以统一的用户界面提供给用户，建立企业对客户、企业对内部员工和企业对企业的信息通道，使企业能够释放存储在企业内部和外部的各种信息。无论是企业的员工、客户、供应商还是合作伙伴，都可以通过公司门户网站获得个性化的服务。

通过门户网站，用户可以及时了解公司的新闻动态、知晓公司产品特点、人力资源需求等；公司内部管理员可以适时更新公司新闻、管理用户、发布公告，并在后台对公司各种业务进展情况进行统计分析，为下一步的发展决策提供参考。

本章内容将使用 CI 框架进行一个公司网站的开发，并详细介绍开发时所需要了解和掌握的技术。网站开发细节设计如图 5.1 所示。

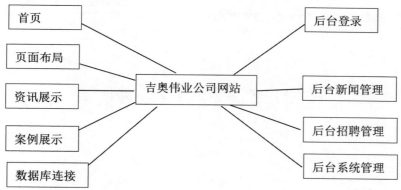

图 5.1 公司网站相关开发细节

5.2 系统功能设计

系统功能设计是新系统的物理设计阶段。根据系统分析阶段所确定的新系统的逻辑模型、功能需求，在用户提供的环境条件下，设计一个能在计算机网络环境上实施的方案。

5.2.1 系统结构设计

本章案例采用 B/S 结构模式，并针对网站功能独立设计了一个专门的数据库用于存放数据。本系统使用 MySQL 数据库，同时在管理时采用 phpmyadmin 图形化管理软件。数据库部分包括系统管理员、新闻管理和招聘管理功能，设计了 3 张数据表，表名和作用见表 5.1。

表 5.1　数据库表名和作用

数据库表名	作用
user	管理员用户表
news	新闻管理表
hr	招聘管理表

5.2.2　系统功能结构

本网站分为前端和后台两部分，其具体功能结构如图 5.2 所示。

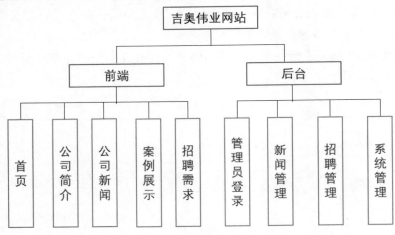

图 5.2　系统功能结构

5.2.3　系统业务流程

本网站业务流程如图 5.3 所示。

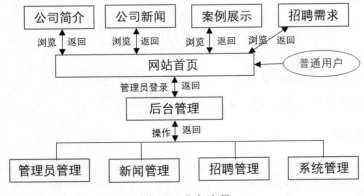

图 5.3　业务流程

5.3　创建项目

5.3.1　开发环境安装部署

在开发公司网站之前，需将开发环境和相关软件准备好，具体如下。

● 操作系统：Windows 10；

● WAMP 集成开发环境：Wampserver3.1.7 64 位版本（集成了 Apache2.4.37、MySQL5.7.24、PHP7.2.14、phpMyadmin4.8.4 等模块）

● 网站框架技术：CodeIgniter3.1.10

● 前端开发技术：HTML5、CSS3、jQuery3.3.1

● 前端页面框架技术：Bootstrap3.3.7、LayUI

● 浏览器：Goolge Chrome 最佳

● 代码编辑器：Sublime Text3

将 Wampserver 下载至本地 Windows 环境安装，并启动 Wampserver 所有服务；然后下载 CodeIgniter 压缩包，将压缩包里的文件解压后拷贝至 Wampserver 安装目录的 www 文件夹下，打开浏览器，在地址栏输入"http://localhost"，如果出现 CodeIgniter 欢迎页面，表明 CI 框架安装成功，同时也表明本案例网站系统的最基础框架已经搭建完毕（图 5.4）。

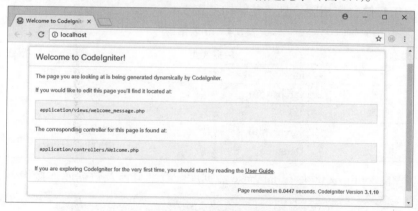

图 5.4　CI 框架安装测试成功页面

5.3.2　基础数据库设计

根据前述系统功能设计，采用 phpmyadmin 图形化数据库管理软件进行基础数据库设计。建立数据库名为 company，然后新建管理员用户 user、新闻表 news、招聘 hr 3 张表，并将表结构设计好。

1. user 表

user 表主要用于存储管理员用户信息，其结构见表 5.2。

表 5.2　user 表结构

字段名	数据类型	描述
userID	int	主键，自动增长
userName	varchar(50)	管理员姓名
userLevel	int	管理员级别

2. news 表

news 表主要用于存储管理员用户信息，其结构见表 5.3。

表 5.3　news 表结构

字段名	数据类型	描述
newsID	int	主键，自动增长
Title	varchar(50)	资讯标题
Content	Text	资讯内容
Author	varchar(50)	发布人
Publish_time	Datetime	发布时间

3. hr 表

hr 表主要用于存储公司招聘信息，其结构见表 5.4。

表 5.4　hr 表结构

字段名	数据类型	描述
hrID	int	主键，自动增长
hr_Type	varchar(50)	招聘职位
hr_Content	Text	招聘详情
hr_Header	varchar(50)	主管人
hr_Time	Datetime	信息发布时间

将 CI 框架里的 config 文件夹下 database 数据库配置部分涉及数据库连接代码修改为

```
'hostname' => 'localhost',        // 数据库安装在 localhost 本机服务器上
'username' => 'root',             // 登录数据库用户名 root
'password' => 'root123',          // 登录数据库用户密码 root123
'database' => 'company'           // 连接数据库名 company
```

5.3.3　项目 MVC 架构设计

根据 CI 框架 MVC 设计思想，将项目前端、后台的数据模型、控制器和视图进行关联设计，

如图 5.5 所示。

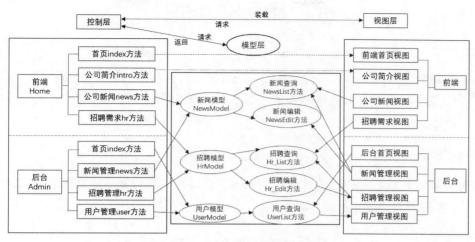

图 5.5　公司网站系统 MVC 架构设计

5.3.4　项目文件组织

本项目文件组织结构如图 5.6 所示。在网站根目录（www 目录）下 application 文件夹中编写应用代码。其中，controllers 目录为控制器文件目录，包括前端 Home 控制器文件和后台 Admin 控制器文件；models 目录为模型文件目录，包括招聘管理相关 HrModel 模型文件、新闻管理相关 NewsModel 模型文件、用户管理相关 UserModel 模型文件和系统管理相关 SysModel 模型文件；views 目录为视图文件目录，包括根目录下的前端相关视图文件、前端模板 template 目录下的模板视图文件和 admin 目录下的后台相关视图文件。与 application 同级目录下的 public 文件夹用于存放公用资料文件，包括 css 代码文件、img 图像文件和 js 相关 JavaScript 插件文件。

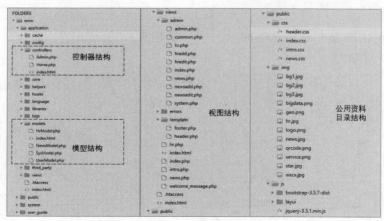

图 5.6　网站文件组织结构

5.4 前端模块设计

扫一扫，看微课

从公司网站功能结构设计来看，前端页面主要为展示公司相关信息，包括"公司简介""公司业务""公司新闻""招聘需求"，其中的"公司新闻"和"招聘需求"信息来源于查询数据库相关表结果，属于动态页面；"公司简介""公司业务"属于静态页面。

5.4.1 前端 MVC 架构

CI 框架控制器是核心部件，因此对于前端模块设计，先将控制器设计好，然后考虑对应需求的数据模型和视图文件。

1. 架构设计

前端控制器方法及关联的模型与视图如下。

index 方法：首页，装载首页视图文件 index.php。

intro 方法：公司简介，装载视图文件 intro.php。

news 方法：新闻显示，导入 NewsModel 模型文件中的 NewsList 新闻列表方法，装载视图 news.php。

hr 方法：招聘需求，导入 HrModel 模型文件中的 Hr_List 查询方法，装载视图 hr_list.php。

2. 前端控制器设计

第 1 步：修改 CI 框架默认路由路径为 home。在 application /config /routes 路径文件中将默认路由控制器名由原来的"welcome"修改为"home"。

```
$route['default_controller'] = 'home';
```

第 2 步：在 application 目录 controller 文件夹下新建 Home.php 文件，将该文件作为前端控制器文件，并在文件里输入如下代码：

```php
<?php
defined('BASEPATH') OR exit('No direct script access allowed');
class Home extends CI_Controller {
    function __construct(){                          // 控制器方法构造函数
        parent::__construct();
        $this->load->helper('url');                  // 导入辅助函数 url
    }
    public function index()                          // 首页模块
    {
```

```
        $this->load->view('template/header');          // 导入通用导航文件
        $this->load->view('index');                    // 装载首页 index 视图
        $this->load->view('template/footer');          // 导入通用页脚文件
    }
    public function intro(){                            // 公司简介模块
        $this->load->view('template/header');
        $this->load->view('intro');                    // 装载简介页视图
        $this->load->view('template/footer');
    }
    public function news(){                             // 公司新闻模块
        $this->load->library('pagination');            // 引入分页类库
        $this->load->model('NewsModel');
        $config['base_url'] = site_url('Home/news/page');
        $config['per_page'] = 5;                        // 设定每页显示记录为 5 条
        $config['reuse_query_string'] = true;
        $config['first_link'] = false;
        $config['prev_link'] = '&laquo';
        $config['next_link'] = '&raquo';
        $config['last_link'] = false;
        $config['next_tag_open'] = '<li>';
        $config['next_tag_close'] = '</li>';
        $config['num_tag_open'] = '<li>';
        $config['num_tag_close'] = '</li>';
        $config['prev_tag_open'] = '<li>';
        $config['prev_tag_close'] = '</li>';
        $config['cur_tag_open'] = '<li class="active"><a href="#">';
        $config['cur_tag_close'] = '</a></li>';
        $rs = $this->NewsModel->NewsList($per_page=5);   // 获取每页显示的新闻记录
                                                         //   数据
        $config['total_rows'] = $rs['total'];
        $data['news'] = $rs['data'];
        $this->pagination->initialize($config);
        $data['page']=$this->pagination->create_links();
        $this->load->view('template/header');
        $this->load->view('news',$data);
        $this->load->view('template/footer');
    }
    public function hr(){                               // 公司招聘模块
        $this->load->Model('HrModel');                 // 导入招聘数据模型
        $data['hrdata']=$this->HrModel->Hr_List();     // 使用 Hr_List 方法获得最新招聘
                                                         //   信息
```

```
        $this->load->view('template/header');
        $this->load->view('hr',$data);                    // 将招聘信息数据传递到视图
        $this->load->view('template/footer');
    }
}
```

如代码所示，根据之前的架构设计思想，对各个模块进行了控制器方法代码编写，并在新闻模块使用了 CI 框架分页类库。

同时为了保持页面统一，将页面顶端头部和页脚底部设置为公共使用文件，这样既可以保持页面样式，也可以减少代码编写量。为了达到这一效果，在 views 目录下新建 template 文件夹，然后新建 header.php 和 footer.php 文件分别作为头部公用模板和页脚公用模板。

在控制器方法中使用：

```
$this->load->view('template/header.php')
$this->load->view('template/footer.php')
```

就可以将其装入视图。

5.4.2 公用资料存放

扫一扫，看微课

在网站系统开发过程中，会使用到如图片、CSS 样式、JavaScript（简称 JS）插件等必备的素材和资料，需要设置一个公用文件夹存放这些内容。为此，在与 application 同级的根目录下新建一个 public 文件夹，并新建 img、css、js 三个目录，如图 5.7 所示。将网站使用的图片素材存放在 img 目录下，各个视图文件 CSS 样式文件存放在 css 目录下，将后续开发使用到的 jQuery、Bootstrap 等 JS 框架文件存放在 js 目录下。在视图文件中使用时只需要使用外部链接方式即可。

图 5.7　网站公用 public 文件夹结构

在 CI 框架中使用 base_url( ) 函数引用根目录下的文件。

```
<link rel="stylesheet" href="<?php echo base_url('public/css/header.css')?>">
<script src="<?php echo base_url('public/js/jquery-3.3.1.min.js')?>"></script>
```

5.4.3　首页模块设计

　　CI 框架测试运行成功后，就可以开始进行首页页面的设计。网站首页由上部导航信息和公司 logo、中部轮播图片信息、下部标语区和底部版权信息栏构成。完整的页面显示效果如图 5.8 所示。

图 5.8　首页预览图

1. 首页控制器方法

　　首页控制器方法为 index，设计时并无数据交互，仅装载相应视图文件。为了保持整个页面的统一布局，将视图头部区域和底部区域设定为公用视图。

```
public function index()                        // 首页模块
{
    $this->load->view('template/header');      // 导入头部公用导航文件
    $this->load->view('index');                // 装载首页 index 视图
    $this->load->view('template/footer');      // 导入公用页脚文件
}
```

2. 头部导航栏公用模块设计

　　头部区域包括导航菜单和 logo，基本格局为左侧四个导航菜单，右侧为 logo。为了使视图和样式分离，将头部区域相关样式设置保存为 header.css 文件，存在 public/css 目录下。样式代码参考如下：

```
body{margin:0;  color: #eee;}             // 网页边距为 0，字体颜色为白色
.all_width{
    background-color:#f0f0f0;
```

```css
    width: 1200px;
    min-height: 600px;
    margin: 0 auto;
}
header{
    width: 100%;
    height: 90px;
    background-color:#000;
}
footer{
    height: 70px;
    text-align: center;
    color:#000;
    background-color:#f0f0f0;
    margin-top: 10px;
    padding-top: 5px;
}
.menu{
    text-align: center;
    width: 55%;
    float: left;
    margin-top: 20px;
}
.logo{
    width: 30%;
    text-align: left;
    float: right;
    padding: 10px 15px;
}
.menu li{
    display: inline-block;
    width: 120px;
    padding: 12px 15px;
    font-size: 18px;
}
.menu a{
    text-decoration: none;
    color: #e0e0e0;
}
.clear{clear: both;}
```

头部导航栏区域代码如下：

```html
<link rel="stylesheet" href="<?php echo base_url('public/css/header.css')?>">
// 引入头部 CSS 样式
<div class="all_width"><!-- # 设置一个页面容器 -->
    <header><!-- # 头部区域标记 -->
        <div class="menu"><!-- # 左侧 DIV，使用 float 属性 -->
        <ul><!-- # 菜单栏内容 -->
            <li><a href="<?php echo site_url('Home/index');?>"> 首页 </a></li>
            <li><a href="<?php echo site_url('Home/intro');?>"> 公司简介 </a></li>
            <li><a href="<?php echo site_url('Home/news');?>"> 公司新闻 </a></li>
            <li><a href="<?php echo site_url('Home/hr');?>"> 最近招聘 </a></li> </ul>
        </div>
        <div class="logo"><!-- # 右侧 logo 区域，使用 float 属性 -->
            <img src="<?php echo base_url('public/img/geo.png')?>"  >
        </div>
        <div class="clear"></div><!-- # 清除区域浮动 -->
    </header>
```

代码中使用 CI 框架中的 site_url( ) 函数指定超链接控制器方法。

```html
<a href="<?php echo site_url('Home/index');?>"> 首页 </a>
```

相当于 <a href="localhost://index.php/Home/index"> 首页 </a>，指向 Home 控制器的 index 方法。

3. 页脚版权公用模块设计

页脚内容较为简单，主要为版权公示，代码如下：

```html
<footer> <!-- 页脚区域标记 -->
    <h4>copyright@xx 科技有限公司 </h4><!-- // 四级标题样式显示 -->
    <p> 公司地址：北京市 xxxx 邮箱 :xxx@gmail.com</p><!-- 段落标记 -->
</footer>
```

4. 首页主体部分设计

首页主体部分包括上部轮播效果图区域和下部标语宣传区两部分内容。

对于轮播效果图设计，采用 bootstrap 前端框架技术的轮播特效插件。Bootstrap 是一个用于快速开发 Web 应用程序和网站的前端框架。尤其对于跨平台网站，采用 bootstrap 框架效果很好。同时 bootstrap 还设计了许多 JS 插件，如轮播插件、弹出框插件、表格排版插件等。使用起来较为简单，可以在页面引入 bootstrap 国内 CDN 地址，或者下载 bootstrap 代码包存放到本地服务器上。由于 bootstrap 许多技术基于 jQuery 框架，因此在使用时还需要引入 jQuery 框架。

在网页的头部区域加入 jQuery 和 bootstrap 框架的外部链接如下：

```
<script src="<?php echo base_url('public/js/jquery-3.3.1.min.js')?>"></script>
    <script src="<?php echo base_url('public/js/bootstrap-3.3.7-dist/js/
bootstrap.min.js')?>"></script>
    <link href="<?php echo base_url('public/js/bootstrap-3.3.7-dist/css/
bootstrap.min.css')?>" rel="stylesheet">
    <link rel="stylesheet" href="<?php echo base_url('public/css/index.css')?>">
```

参照 bootstrap 官网轮播插件的用法，只需替换相关图片就可以直接实现轮播效果。

首页轮播效果代码如下：

```
<div class="top">                      <!--// 轮播区容器 -->
    <div id="myCarousel" class="carousel slide">   <!--// 轮播效果代码 -->
    <!-- 轮播（Carousel）指标 -->
    <ol class="carousel-indicators">
        <li data-target="#myCarousel" data-slide-to="0" class="active"></li>
        <li data-target="#myCarousel" data-slide-to="1"></li>
        <li data-target="#myCarousel" data-slide-to="2"></li>
    </ol>
    <!-- 轮播（Carousel）项目 -->
        <div class="carousel-inner">
            <div class="item active">
                <img src="<?php echo base_url('public/img/bg1.jpg')?>" alt="First
slide">
            </div>
            <div class="item">
                    <img src="<?php echo base_url('public/img/bg3.jpg')?>"
alt="Second slide">
            </div>
            <div class="item">
                <img src="<?php echo base_url('public/img/bg2.jpg')?>" alt="Third
slide">
            </div>
        </div>
        <!-- 轮播（Carousel）导航 -->
        <a class="carousel-control left" href="#myCarousel" data-slide="prev"><span
_ngcontent-c3="" aria-hidden="true" class="glyphicon glyphicon-chevron-right"></span>
</a>
        <a class="carousel-control right" href="#myCarousel" data-
slide="next">&rsaquo;</a>
    </div>
</div>
```

　　下部标语宣传区分为三个小区域，每个小区域里有字体图标。选用 bootstrap 相关字体图标，给定 class 类型，就可以显示出相应的字体图标。

　　下部标语宣传区代码参考如下：

```
<div class="mid">          <!--   // 下部标语宣传区容器 -->
  <ul><!--                      // 使用 bootstrap 字体图标 -->
        <li><span class="glyphicon glyphicon-info-sign" style="font-size:
40px"></span></li>
      <li>
          <div><h4> 互联网先锋 </h4></div>
          <div><h5> 专业大数据分析商 </h5></div>
      </li>
  </ul>
  <ul>
      <li><span class="glyphicon glyphicon-fire" style="font-size: 40px"></
span></li>
      <li>
          <div><h4> 跨时代成长 </h4></div>
          <div><h5> 打造科技星火小巨人 </h5></div>
      </li>
  </ul>
  <ul>
      <li><span class="glyphicon glyphicon-globe" style="font-size: 40px"></
span></li>
      <li>
          <div><h4> 优质全球服务 </h4></div>
          <div><h5> 专业团队做专业事 </h5></div>
      </li>
  </ul>
</div>
```

　　代码中 <span class="glyphicon glyphicon–fire" style="font–size: 40px"></span> 使用了 bootstrap 字体图标，这里设定 span 标记的样式类为 glyphicon glyphicon–fire，这是 bootstrap 的字体图标样式，如果想替换为别的字体图标，只需将 "fire" 替换成别的名称即可。如将 "fire" 替换为 "user"，在页面上就会显示出用户类的图标。

5.4.4　公司简介模块设计

　　公司简介模块主要用于公司相关情况介绍，属于静态页面。头部导航栏和底部版权区属于公共模块，直接在控制器方法导入即可。

扫一扫，看微课

1. 控制器方法

```php
public function intro(){                              // 公司简介模块
    $this->load->view('template/header');     // 导入公用头部视图文件
    $this->load->view('intro');                       // 装载简介页视图
    $this->load->view('template/footer');     // 导入公用页脚视图文件
}
```

2. 简介主体视图区设计

简介主体视图区如图 5.9 所示。

图 5.9　简介主体视图区

页面主体区域由两个 DIV 容器并排显示组成，使用 DIV 的浮动属性可以达到这种效果。左侧容器放置图片，右侧容器显示文字内容。代码参考如下：

```html
<link rel="stylesheet" href="<?php echo base_url('public/css/ intro.css')?>">
<div class="main">                      // 建立一个页面容器
    <div class="box">                   // 左侧 box 浮动属性
        <img src="<?php echo base_url('public/img/bigdata.png')?>"
width="450px" height="400px" >
    </div>
    <div class="box">                                   // 同样左侧浮动，使得两个 DIV 并排显示
        <div class="element">
            <div class="title"> 我们是谁？ </div>
            <div class="w">吉奥伟业是一家互联网技术服务提供商，长期为市场提供软件开发、
智能监控、大数据处理分析技术服务。
        </div>
    </div>
    <div class="element">
        <div class="title"> 我们做什么？ </div>
```

```
        <div class="w"> 我们的使命就是要建立一个环境，只有一些专家才能处理的 "数据分析"
可以为所有人 "理所当然地" 使用。通过提供与数据分析、人力资源教育等相关的技术和工具，我们将向人们
广泛传播数据分析，从而实现更加丰富的功能。</div>
        </div>
        <div class="element">
            <div class="title"> 我们能提供什么？</div>
             <div class="w"> 提供从数据积累、可视化到预测、优化的一站式服务，将通过支持引入
对数据分析和数据利用有用的系统和咨询服务来为客户的业务做出贡献。
            </div>
        </div>
    </div>
</div>
```

关联的 CSS 样式代码 intro.css。

```
.main{background-image: url('/public/img/star.jpg');min-height: 572px;}
.main .box{ float: left;margin: 20px;padding: 10px 20px;width: 46%;text-align:
center; color: #eee;}
.element{margin: 20px;padding: 8px 6px;}
.element .title{font-size: 28px;text-align: center;margin: 10px;color:#f90;}
.element .w{font-size: 17px;}
```

5.4.5　公司新闻模块设计

公司新闻模块用于列出近期公司相关资讯、动态和项目进展。

扫一扫，看微课

1. 控制器新闻模块方法

页面上的新闻消息需要从数据库中读取，然后列举展示。同时使用 CI 框架的分页类，每页
展示固定数量的新闻消息。控制器方法 news 设计如下：

```
public function news(){                                    // 公司新闻模块
    $this->load->library('pagination');                    // 引入分页类库
    $this->load->model('NewsModel');                       // 导入新闻模型文件
    $config['base_url'] = site_url('Home/news/page');      // 设置 url
    $config['per_page'] = 5;                               // 设定每页显示记录为 5 条
    $config['reuse_query_string'] = true;
    $config['first_link'] = false;
    $config['prev_link'] = '&laquo';
    $config['next_link'] = '&raquo';
    $config['last_link'] = false;
    $config['next_tag_open'] = '<li>';
    $config['next_tag_close'] = '</li>';
```

```
    $config['num_tag_open'] = '<li>';
    $config['num_tag_close'] = '</li>';
    $config['prev_tag_open'] = '<li>';
    $config['prev_tag_close'] = '</li>';
    $config['cur_tag_open'] = '<li class="active"><a href="#">';
    $config['cur_tag_close'] = '</a></li>';
    $rs = $this->NewsModel->NewsList($per_page=5); // 获取每页显示的新闻记录数据
    $config['total_rows'] = $rs['total'];          // 传递总记录数数据
    $data['news'] = $rs['data'];                    // 传递新闻内容数据
    $this->pagination->initialize($config);
    $data['page']=$this->pagination->create_links();
    $this->load->view('template/header');           // 装载公用头部导航栏视图
    $this->load->view('news',$data);                // 装载视图，并传递数据
    $this->load->view('template/footer');           // 装载公用页脚版权视图文件
}
```

2. 新闻数据模型方法

上述代码 news 方法设计时首先调用数据模型文件 NewsModel，使用模型方法 NewsList 返回的新闻数据，将其传递到前端页面视图文件 news 中显示。新闻模型文件中的 NewsList 方法如下：

```
public function NewsList($per_page){              // 新闻列表
    $currpage=$this->uri->segment(4)==''?0:$this->url->segment(4);
                                        // 读取当前 url 中的页面参数
     $total_rows=$this->db->query('select count(newsID) as total from news')-
>row_array();
    $curr_res=$this->db->query("select * from news order by newsID desc limit
    {$currpage},{$per_page}")->result_array();// 从 news 表里根据给定 limit 范围查询数据
    $data['total']=$total_rows['total'];       // 总记录数存在 data 数组里
    $data['data']=$curr_res;                    // 每一页的记录存在 data 数组里
    return $data;                               // 将 data 返回给控制器方法
}
```

3. 新闻视图设计

有了数据后，控制器方法就可以将数据传递给视图文件显示，在 views 目录下新建 news.php 视图文件，编写代码，设计效果如图 5.10 所示。

图 5.10　公司新闻模块视图页面

对于新闻视图版面，设计思路与公司简介模块基本一致。页面主体区域由两个 DIV 容器并排显示组成。左侧容器放置图片，右侧容器显示文字内容。代码参考如下：

```
<link rel="stylesheet" href="<?php echo base_url('public/css/ news.css')?>">
                                            // 引入 CSS 样式文件
<div class="main">                          // 页面中部主体容器
    <div class="lpart">                     // 左侧区域放置图片
        <img src="<?php echo base_url('public/img/news.jpg')?>">
    </div>
    <div class="rpart">                      // 右侧放置文字内容
        <div class="t"> 吉奥最新资讯 </div>
        <ul>
            <?php foreach ($news as $k => $v) { ?>   // 循环方式显示由控制器传递的数据
            <li>
                <div class="title"><?php echo '['.$v['publish_time'].']  '; ?><?php echo
$v['title']; ?></div>
                <div class="content"><?php echo $v['content'];?></div>
            </li>
            <?php } ?>
        </ul>
        <ul style="padding:0px;margin:0px 50px;" class="pagination">// 分页标记
            <?php echo $page;?>
        </ul>
    </div>
    <div class="clear">                      // 清除页面的浮动属性
```

```
        </div>
    </div>
```

与视图页面关联的 CSS 样式代码如下：

```css
.main{height: 572px; width: 100%;background: #fff;border:1px solid #f0f0f0; }
.lpart{float: left;width: 35%;height: 400px;border-right: 1px solid
#777;margin:15px; padding: 10px 15px;}
.rpart{float: right; width: 50%; min-height: 200px; margin:15px;padding: 10px
15px; }
.clear{clear:both;}
.rpart .title{font-size: 18px;}
.rpart .content{font-size: 14px;margin-top: 15px;}
.rpart li{margin-top:10px;list-style: none;}
.rpart .t{text-align: center;font-size: 22px;line-height: 30px;}
```

5.4.6 公司招聘模块设计

扫一扫，看微课

　　公司近期招聘模块用于列出近期公司招聘人才信息。页面上的信息需要从数据库中读取，然后列举展示。

　　（1）控制器 hr 方法　　控制器 hr 方法设计时首先调用数据模型文件 HrModel，然后使用模型方法 Hr_List 处理查询招聘信息数据方法，并将返回的查询结果传递到视图显示。

```php
public function hr(){                                // 公司招聘模块控制器方法
    $this->load->Model('HrModel');                   // 导入招聘数据模型
    $data['hrdata']=$this->HrModel->Hr_List();       // 使用 Hr_List 方法获得最新招聘信息
    $this->load->view('template/header');            // 装载公用头部导航栏视图
    $this->load->view('hr',$data);                   // 将招聘信息数据传递到视图
    $this->load->view('template/footer');            // 装载公用页脚版权视图
}
```

　　（2）数据模型设计　　数据处理模型为 Hr_List 方法，利用 CI 框架数据库操作方法 $this->db->get(数据表) 获取所有招聘职位信息，然后将数据返回至控制器。

```php
public function Hr_List(){                           // 职位列表查询操作
    $data=$this->db->get('hr')->result_array();
    return $data;                                    // 将 data 返回给控制器方法
}
```

　　（3）招聘视图设计　　从招聘数据模型中读取数据后，在控制器方法里将数据传递到视图文件 hr 中。对于招聘视图版面，设计思路与公司简介模块基本一致。页面主体区域由两个 DIV 容器并排显示组成。左侧容器放置图片，右侧容器显示文字内容。效果如图 5.11 所示。

图 5.11　公司近期招聘页面效果

代码参考如下：

```php
<link rel="stylesheet" href="<?php echo base_url('public/css/ news.css')?>">
                                        // 引入 CSS 样式文件
<div class="main">                      // 页面主体容器
    <div class="lpart">                 // 左侧容器放置图片
        <img src="<?php echo base_url('public/img/hr.jpg')?>">
    </div>
    <div class="rpart">                 // 右侧容器放置文本内容
        <div class="t">吉奥最新招聘</div>   // 标题
        <ul>
        <?php foreach ($hrdata as $k => $v) { ?>     // 显示由控制器传递过来的数据
            <li>
                <div class="title">
                    <span class="glyphicon glyphicon-list"//bootstrap 字体图标
                    style="color:#f60"></span><?php echo $v['hr_type']; ?></div>
                <div class="content"><?php echo $v['hr_content'];?></div>
            </li>
        <?php } ?>
        </ul>
        <div class="title">
            <span> 有意的朋友请扫描联系 :</span>
            <span>
                <img src="<?php echo base_url('public/img/qrcode.png')?>" width="80px"
                height="80px"></span>           // 加入二维码图片
            <span>                              // 加入微信小程序图片
                <img src="<?php echo base_url('public/img/wxcx.jpg')?>" width="80px"
                height="80px">
```

```
        </span>
      </div>
    </div>
    <div class="clear"></div>                    // 清除容器的浮动属性
</div>
```

5.5 后台管理模块

后台管理模块由公司管理人员使用，公司管理人员通过登录入口进入管理系统后，可以对新闻、招聘等信息进行编辑，还可以实现数据备份、恢复等系统管理操作。由于对数据的管理包括增、删、改、查等操作，后端相对前端业务要复杂。本节将介绍后台管理模块的设计过程。

5.5.1 后台 MVC 架构设计

后台偏重管理功能，其层次结构清晰是最重要的，有助于提高管理效率。与前端一样，首先对后台的 MVC 架构进行设计，具体的层次图参见整个项目的 MVC 架构设计。

扫一扫，看微课

1. 架构设计

后台控制器 Admin 主要方法及关联的模型与视图架构设计如图 5.12 所示。

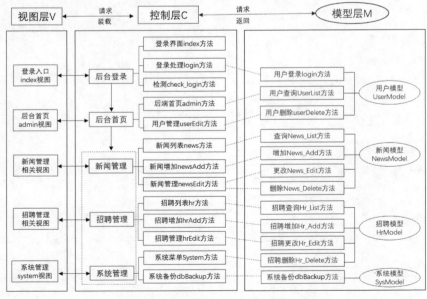

图 5.12 后台管理 MVC 架构设计总图

2. 后台控制器设计

第 1 步：在 application/controller 文件夹下新建 Admin.php 控制器文件，作为后台控制器入口。

第 2 步：打开 Admin.php 控制器文件，设计相应的后台管理方法。

用户登录部分控制器方法：

```php
public function index(){                          // 后台登录入口模块
    $this->load->view('admin/index');             // 装载 index 视图
}
public function login(){                          // 后台登录处理模块
    $this->load->model('UserModel');              // 导入用户相关模型文件
    $this->UserModel->login();                    // 导入用户登录处理验证方法
}
```

用户管理部分控制器方法：

```php
public function admin(){                                    // 后台管理首页模块
    $this->load->library('session');                       // 导入 session 辅助类
    $this->load->view('admin/common');                     // 装载公用视图框架
    $this->load->model('UserModel');                       // 导入用户相关模型
    $data['user']=$this->UserModel->UserList();// 获取用户列表模型方法结果
    $this->load->view('admin/admin',$data);                // 装载管理首页视图
}
```

新闻管理部分控制器方法：

```php
public function news(){                              // 后台公司新闻管理模块
    $this->check_login();                            // 验证是否登录
    $this->load->library('pagination');             // 引入分页类库
    $this->load->model('NewsModel');                // 导入新闻相关模型
    $config['base_url'] = site_url('Admin/news/page');
    $config['per_page'] = 3;                        // 设定每页显示记录为 5 条
    $config['reuse_query_string'] = true;
    $config['first_link'] = false;
    $config['prev_link'] = '&laquo';
    $config['next_link'] = '&raquo';
    $config['last_link'] = false;
    $config['next_tag_open'] = '<li>';
    $config['next_tag_close'] = '</li>';
    $config['num_tag_open'] = '<li>';
    $config['num_tag_close'] = '</li>';
    $config['prev_tag_open'] = '<li>';
    $config['prev_tag_close'] = '</li>';
    $config['cur_tag_open'] = '<li class="active"><a href="#">';
```

```
$config['cur_tag_close'] = '</a></li>';
$rs = $this->NewsModel->NewsList($per_page=3);// 获取每页显示的新闻记录数据
$config['total_rows'] = $rs['total'];              // 获取记录总数
$data['news'] = $rs['data'];                        // 将获取的当页新闻数据存储在
                                                    data 数组变量
$this->pagination->initialize($config);             // 初始化分页
$data['page']=$this->pagination->create_links();// 将页数信息保存在 data 数组变
                                                    量里
$this->load->view('admin/common');                 // 装载公用框架视图
$this->load->view('admin/news',$data);             // 装载新闻视图, 传递数据显示
}
```

招聘管理部分方法：

```
public function hr(){                               // 后台招聘管理模块
    $this->check_login();                          // 检验是否登录
    $this->load->model('HrModel');                 // 导入招聘相关模型文件
    $data['hrdata']= $this->HrModel->Hr_List();    // 获取每页显示的招聘记录数据
    $this->load->view('admin/common');             // 装载公用框架视图
    $this->load->view('admin/hr',$data);           // 装载招聘视图, 传递数据显示
}
```

系统管理部分方法：

```
public function system(){                           // 后台数据库管理模块
    $this->check_login();                          // 检验是否登录
    $this->load->view('admin/common');             // 装载公用框架视图
    $this->load->view('admin/system');             // 装载系统管理视图
}
```

如代码所示，根据之前的架构设计思想，对后台各个模块进行控制器方法代码编写，并在新闻列表使用 CI 框架分页类库。为了与前端文件区分开，在框架 views 目录下新建 admin 文件夹，用于存放后端相关视图文件。在 model 目录下新建用户模型 UserModel 和系统 SysModel 文件，用于编写后端数据管理方法代码。

5.5.2　管理员登录模块设计

后台需要管理员登录后才能进行相关操作。这里设计思路为正确登录后直接跳转到后台首页管理页面。本案例中管理员用户名设定为 caojianhua，密码为 12345。

扫一扫，看微课

1. 视图页面设计

登录视图页面主要有上部公司 logo 区域和下部表单输入区域两部分，结构较简单。具体效果如图 5.13 所示。

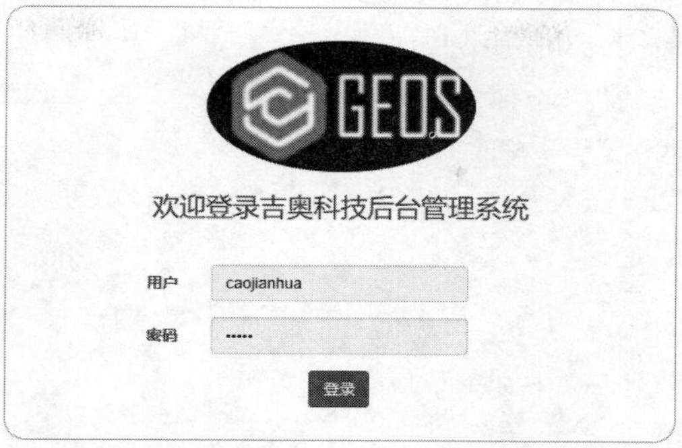

图 5.13　后台管理登录入口页面设计效果

　　表单区域使用了 bootstrap 表单布局。Bootstrap 是最流行的前端框架技术之一。本次使用其表单布局，直接参考其官网样例。在使用时直接链接到项目公用文件夹 public 下相应的 bootstrap 样式和 JS 文件，由于 bootstrap 是基于 jQuery 框架技术的，因此也要引入 jQuery 框架文件。引用方式如下：

```
<script src="<?php echo base_url('public/js/jquery-3.3.1.min.js')?>"></script>
<script src="<?php echo base_url('public/js/bootstrap-3.3.7-dist/js/bootstrap.min.js')?>"></script>
<link href="<?php echo base_url('public/js/bootstrap-3.3.7-dist/css/bootstrap.min.css')?>" rel="stylesheet">
```

整个登录 login 页面代码设计如下：

```
<div class="box">
  <div class="el">                        // 上部公司 logo 部分区域
      <img src="<?php echo base_url('public/img/geo.png')?>" width="240px" height="120px" class="img-circle">        // 显示 logo
    <h3> 欢迎登录吉奥科技后台管理系统 </h3>
  </div>
  <div class="em">                        // 下部表单输入区域
      <form class="form-horizontal" action="<?php echo site_url('Admin/login')?>" method="post">
          <div class="form-group">
              <label for="firstname" class="col-sm-2 control-label"> 用户 </label>
            <div class="col-sm-8">
              <input type="text" class="form-control" name="firstname" placeholder=" 请输入用户名 ">
            </div>
```

```
            </div>
            <div class="form-group">
                <label for="password" class="col-sm-2 control-label">密码</label>
                <div class="col-sm-8">
                        <input type="password" class="form-control" name="password"
placeholder=" 请输入密码 ">
                </div>
            </div>
            <div class="form-group">
                <div class="col-sm-offset-2 col-sm-8">
                    <button type="submit" class="btn btn-primary">登录</button>
                </div>
            </div>
        </form>
    </div>
</div>
```

与视图关联的 CSS 样式代码如下：

```
.box{width:  600px;height:  400px;  border:  1px  solid  #999;margin:50px
auto;border-radius: 20px;}
.el{text-align: center;padding: 30px 15px;}
.em{width: 60%;text-align: center;margin: 0 auto;}
```

2. 登录数据处理设计

控制器方法负责路由，表单输入数据在数据模型中的 login 方法进行处理，代码如下：

```
public function login(){                              // 登录验证处理设计模块
    $username=$this->input->post('firstname');        // 获取表单输入用户名
    $userpwd=$this->input->post('password');          // 获取表单输入用户密码
    $res=$this->db->get_where('user',array('username'=>$username))->row_array();
                                                      // 查询用户名对应信息
    if($res['userpwd']==$userpwd){       // 如果数据库里的用户密码与表单输入密码一致
        $this->session->user=$res;       // 将用户信息存放在 session 会话中
        $url='Admin/admin';
        header("location:".$url);        // 登录成功跳转至后台管理首页
    }else{die(" 检查用户名或密码 !");}    // 否则重新输入
}
```

3. 检测是否成功登录

在登录数据处理 login 方法中，使用了 CI 框架的 session 辅助类。在管理员用户登录成功后，就将其用户信息保存在 session 中。进入后台首页或其他管理模块时，只有成功登录后才有权限使用管理模块，因此通过检查 session 中是否保存有用户信息的方法来检测登录情况。因此在控制器方法中还增加了一个检测是否登录的方法 check_login，参考代码如下：

```
public function check_login(){            // 检测是否已经登录
    if($this->session->user==''){         // 如果 session 中 user 变量信息为空
        header("location:".site_url('Admin/index'));    // 返回登录窗口
    }
}
```

5.5.3　后台首页模块设计

扫一扫，看微课

与前端首页一样，后端首页模块的设计也非常重要。在管理员用户登录成功后将直接进入后台管理首页，设计视图效果如图 5.14 所示。

GEOS				
本公司后台管理系统正式启用，请注意自己的操作权限！				
当前时间:2019-03-22 15:45:47			当前用户：caojianhua | 退出登录	
用户管理	公司网站现有管理员列表			
	用户名	用户手机号	用户权限	管理
	caojianhua	1702	超级管理员	
新闻管理	smilein	1382052787	普通管理员	删除
	peter	1358762011	普通管理员	删除
招聘管理				
系统管理				

图 5.14　后台管理首页视图效果

1. 控制器后台首页方法

在设计后台首页方法时，导入管理员用户模型文件 UserModel 及其用户列表 UserList 方法，并将用户列表数据传递给视图文件 admin.php。

```
public function admin(){                              // 后台管理首页模块
    $this->load->library('session');                 // 导入 session 辅助类
    $this->load->view('admin/common');               // 装载公用视图框架
    $this->load->model('UserModel');                 // 导入用户相关模型
    $data['user']=$this->UserModel->UserList();       // 获取用户列表模型方法结果
    $this->load->view('admin/admin',$data);          // 装载管理首页视图
}
```

2. 首页视图设计

如图 5.15 所示，首页视图主要由三大块区域构成，左侧为图标 logo 和导航栏区，每个菜单链接到各个对应的管理模块页面；右侧上部为信息栏；中部为主体内容区。在设计时将左侧区域和右侧上部区域保存为通用框架视图文件 common.php，而有关管理部分内容视图放置在页面的主体内容区，如首页呈现的用户管理内容、新闻管理内容、招聘管理内容和系统管理内容。每个管理模块开发时视图只需要设计好主体内容区即可，这样减少了重复代码的编写，提高了开发效率。

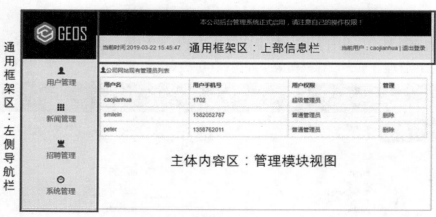

图 5.15　首页视图区划分

首页视图文件分通用框架区视图文件和主体用户管理区视图文件。

通用框架区视图使用了 DIV+CSS 样式布局，其中采用了 bootstrap 字体图标和 HTML5 的 <marquee> 滚动字幕标记。

```
<div class="all_width">
  <div class="left">                            // 左侧导航栏区
    <div class="logo">                          // 上部 logo 区
      <img src="<?php echo base_url('public/img/geo.png')?>">
    </div>
    <div class="list">                          // 下部菜单列表区
      <ul class="nav">
        <li>
          <span class="glyphicon glyphicon-user"></span>
                                                // 使用 bootstrap 字体图标
          <a href="<?php echo site_url('Admin/admin')?>"> 用户管理 </a>
        </li>
        <li >
          <span class="glyphicon glyphicon-th"></span>
```

```
            <a href="<?php echo site_url('Admin/news')?>"> 新闻管理 </a>
        </li>
        <li>
            <span class="glyphicon glyphicon-tower"></span>
            <a href="<?php echo site_url('Admin/hr')?>"> 招聘管理 </a>
        </li>
        <li>
            <span class="glyphicon glyphicon-dashboard"></span>
            <a href="<?php echo site_url('Admin/system')?>"> 系统管理 </a></li>
        </ul>
    </div>
</div>
<div class="main">                              // 右侧框架区域
    <div class="tm">                          // 上部滚动字幕区
        <marquee> 本公司后台管理系统正式启用，请注意自己的操作权限！ </marquee>
    </div>
    <div class="tb">                          // 当前信息提示栏
        <div class="el">
            当前时间 :<?php echo Date('Y-m-d H:i:s');?>          // 当前时间函数
        </div>
        <div class="us">
            当前用户: <?php echo $this->session->user['username']; ?> |
                                                      // 调用 session 里的用户名信息显示出来
            <span id="btnExit" > 退出登录 </span>
        </div>
        <div class="clear"></div>                     // 清除浮动
</div>
```

通用框架相关样式代码如下：

```
.all_width{width: 1000px;height: 500px;margin:0 auto;border:1px solid #999;}
.left{float:left;width: 18%;font-size: 18px;text-align: center;background:
#f0f0f0;}
.logo{padding: 20px 0px;height: 120px;background: #000}
.list ul{-webkit-padding-start: 10px}
.left li{display:block;margin: 9px 1px;list-style: none;padding: 10px 6px;}
.main{float: left;width: 82%;height: 467px;}
.main .tm{height: 60px;background: #000;font-size: 16px;padding: 15px
4px;color:#f90;}
.main .tb{height: 60px;background: #f0f0f0;}
.main .tb .el{float: left;margin: 20px 15px;}
.main .tb .us{float: right;margin: 20px 15px;}
```

```
.main .mid{height: 280px;margin:10px;}
table{font-size: 14px;}
```

在通用框架区"退出登录"按钮操作时综合使用 jQuery 和弹出框插件 Layer.js，获得较为美观的提示框（图 5.16），代码如下：

```
<script type="text/javascript">
    $('#btnExit').click(function(){
        layer.confirm('即将退出管理系统', {
            btn: ['确定','放弃']                    // 按钮
        }, function(){
            <?php $this->session->unset_userdata('username');?>
            location.href="<?php echo site_url('Admin/index')?>";
        }, function(){
        });
    })
</script>
```

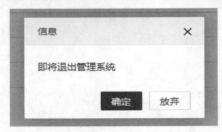

图 5.16　弹出框效果

主体内容区用于显示现有管理员用户列表，采用 bootstrap 表格布局方式，在表格标记处添加 class 为 table table-bordered。在表头处添加了用户字体图标，使用方法为 <span class="glyphicon glyphicon-user"></span>，class 设定为 glyphicon glyphicon-user。

主体内容区代码如下：

```
<div class="mid">
    <table class="table table-bordered">        // 使用 bootstrap 表格布局
        <caption style="color:#337ab7;"><span class="glyphicon glyphicon-
user"></span>
            公司网站现有管理员列表 </caption>
        <thead>                                  // 表格表头
            <tr>
                <th>用户名 </th>
                <th>用户手机号 </th>
                <th>用户权限 </th>
```

```
                    <th> 管理 </th>
                </tr>
            </thead>
        <tbody>                                              // 表格内容
            <?php foreach ($user as $k => $v) { ?>   // 循环读取控制器传过来的数组
            <tr>
                <td><?php echo $v['username']; ?></td>
                <td><?php echo $v['phone']; ?></td>
                <td><?php if($v['rights']==4) {echo ' 超级管理员 ';}else{echo ' 普通管
理员 ';} ?></td>
                <td><a href="<?php echo site_url('Admin/userEdit')?>?id=<?php echo
$v['ID'];?>">
                <?php if($v['rights']==1) {echo ' 删除 ';}?></a></td>
                                                // 允许超级管理员删除普通管理员的操作
            </tr>
            <?php } ?>
        </tbody>
    </table>
</div>
```

在上述代码中，如果选择删除操作，必须要指定删除哪一条记录。通常使用 a 超链接方法
来传值，指定删除记录的 id 号，具体写法为

```
<a href="<?php echo site_url('Admin/userEdit')?>?id=<?php echo $v['ID'];?>"
```

3. 首页模块中用户数据管理

在后台首页模块视图主体区，默认显示现有管理员列表，同时超级管理员可以删除普通管
理员。UserModel 模型文件中包括用户列表 UserList 方法和删除指定用户 userDelete 方法。

```
public function UserList(){                // 显示所有用户方法
    $data=$this->db->get('user')->result_array(); // 查询所有用户信息
    return $data;                          // 将 data 返回给控制器方法
}
public function userDelete(){              // 删除用户方法
    $id=$this->input->get('id');          // 获得选定用户的 id 号
    $rs=$this->db->where('ID',$id)->delete('user');       // 删除该用户信息
    if($rs){ $url='Admin/admin';          // 如果为真，则返回首页
        header("location:".$url);
    }else{die("error!");}}                 // 否则提示错误
}
```

5.5.4 新闻管理模块设计

扫一扫，看微课

　　　新闻管理模块包括新闻分页列表显示、新增新闻和选定新闻的更改管理。业务相对首页用户模型多，涉及了新闻数据的新增、删除、修改、查询数据库的基本操作。

1. 新闻管理控制器方法设计

```
public function news(){                                // 后台公司新闻管理模块
    $this->check_login();                              // 检验是否已经登录
    $this->load->library('pagination');                // 引入分页类库
    $this->load->model('NewsModel');  // 导入新闻相关模型
    $config['base_url'] = site_url('Admin/news/page');
    $config['per_page'] = 3;                           // 设定每页显示记录为 5 条
    $config['reuse_query_string'] = true;
    $config['first_link'] = false;
    $config['prev_link'] = '&laquo';
    $config['next_link'] = '&raquo';
    $config['last_link'] = false;
    $config['next_tag_open'] = '<li>';
    $config['next_tag_close'] = '</li>';
    $config['num_tag_open'] = '<li>';
    $config['num_tag_close'] = '</li>';
    $config['prev_tag_open'] = '<li>';
    $config['prev_tag_close'] = '</li>';
    $config['cur_tag_open'] = '<li class="active"><a href="#">';
    $config['cur_tag_close'] = '</a></li>';
    $rs = $this->NewsModel->NewsList($per_page=3); // 获取每页显示的新闻记录数据
    $config['total_rows'] = $rs['total'];              // 获取新闻总记录数保存到配置变量中
    $data['news'] = $rs['data'];                       // 获取当页新闻数据保存到 data 数组变量中
    $this->pagination->initialize($config);
    $data['page']=$this->pagination->create_links();
    $this->load->view('admin/common');                 // 导入公用框架视图文件
    $this->load->view('admin/news',$data);   // 导入新闻主体视图文件，传递数据显示
}
public function newsAdd(){                              // 后台新闻新增模块
    $this->load->view('admin/common');                 // 导入公用框架视图文件
    $this->load->view('admin/newsadd');                // 导入新增新闻视图文件
}
public function newsAddOK(){                            // 后台新闻新增处理模块
    $this->load->model('NewsModel');                   // 导入新闻相关模型文件
```

```
    $data=$this->NewsModel->News_Add();           // 导入新闻新增处理模型方法
  }
  public function newsEdit(){                      // 后台新闻修改模块
    $type=$this->input->get('type');              // 获取修改类型
    $id=$this->input->get('id');                  // 获取修改记录的 id 号
    if($type) {                                    // 如果 type 为 1，则进行查询操作和修改处理
      $this->load->model('NewsModel');
      $data['news']=$this->NewsModel->News_Query($id);
      $data['id']=$this->input->get('id');
      $this->load->view('admin/common');
      $this->load->view('admin/newsedit',$data);
    }else{                                          // 如果 type 为 0，则进行删除操作
      $this->load->model('NewsModel');
      $this->NewsModel->News_Delete();
    }
  }
  public function newsEditOK(){                    // 后台新闻修改处理模块
    $this->load->model('NewsModel');
    $rs=$this->NewsModel->News_Edit();            // 新闻修改处理方法
    if($rs){                                        // 如果状态为 1，表明修改成功
      echo "<script>alert(' 更新成功！ ');history.go(-2);</script>";
                                                    // 返回新闻管理首页
    }else{die(" 有错误！");}
  }
```

上述代码中包括 newsAdd、newsAddOK 方法，业务逻辑是先申请新增新闻，然后将新增信息提交确认，即新增成功，后面的修改处理思路也是一样的。

在 newsEditOK 方法中，使用了 PHP 语句中嵌入 JavaScript 代码的方法，效果是执行 script 语句中的内容。本处是弹出框显示更新成功信息，执行 history.go（−2），效果为返回两步至新闻管理首页。

```
echo "<script>alert(' 更新成功！ ');history.go(-2);</script>";
```

2. 新闻管理数据模型

根据上述控制器方法的设计，对新闻数据的管理主要包括新增、删除、修改、查询等基本操作，因此在数据模型里设计了 News_Add、News_Edit、News_Query、News_Delete 等基本数据处理方法。

```
public function NewsList($per_page){              // 新闻列表
  $currpage=$this->uri->segment(4)==''?0:$this->uri->segment(4);
  $total_rows=$this->db->query('select count(newsID) as total from news')-
```

```
>row_array();
    $dql='select * from news order by newsID desc limit '.$currpage.$per_page;
    echo $dql;
    $curr_res=$this->db->query("select * from news order by newsID desc limit
    {$currpage},{$per_page}")->result_array();        // 从 news 表里根据给定 limit 范围
                                                        查询数据
    $data['total']=$total_rows['total'];              // 总记录数存在 data 数组里
    $data['data']=$curr_res;                          // 每一页的记录存在 data 数组里
    return $data;                                      // 将 data 返回给控制器方法
}

public function News_Add(){                            // 增加操作
    $data=array('title'=>$this->input->post('title'),
    'content'=>$this->input->post('content'),
    'author'=>$this->input->post('author'),
    'publish_time'=>Date('Y-m-d I:h:s'));
    $rs=$this->db->insert('news',$data);
    if($rs){
        $url='Admin/news';
        header("location:".$url);
    }else{die(" 有错误 !");}
}

public function News_Edit(){                           // 更新操作
    $id=$this->input->post('id');
    $data=array('title'=>$this->input->post('title'),'content'=>$this->input-
>post('content'));
    $rs=$this->db->where('newsID',$id)->update('news',$data);// 对指定的 id 号新闻
进行更新处理
    return $rs;
}
public function News_Query($id){                       // 查询操作
    $rs=$this->db->get_where('news',array('newsID'=>$id))->row_array();
                                                        // 指定 id 号查询结果
    return $rs;
}

public function News_Delete(){                         // 删除操作
    $id=$this->input->get('id');
    $rs=$this->db->where('newsID',$id)->delete('news');
                                                        // 对指定的 id 号新闻记录进行删除操作
```

```
    if($rs){
        $url='Admin/news';
        header("location:".$url);
    }else{die(" 有错误 !");}
}
```

3. 新闻管理主体区视图设计

在视图设计时沿用了后台公用框架（即左侧导航栏和右侧上部信息栏），只需要设计新闻管理主体区视图即可。

在设计主体区时采用了 bootstrap 表格布局，同时增加了新增、删除和修改等管理按钮。新闻管理页面主体区由于新闻记录数较多，采用 CI 框架的分页类库实现每页确定记录数的新闻列表展示。

新闻模块视图设计效果如图 5.17 所示。

图 5.17　后台新闻模块视图设计效果

视图文件代码如下：

```
<div class="mid">
    <table class="table table-bordered">                //bootstrap 表格布局
        <caption style="color:#337ab7;"><span class="glyphicon glyphicon-th"></
span>
        公司网站最新资讯列表    
        <a href="<?php echo site_url('Admin/newsAdd')?>"> // 新增新闻链接
            <span class="glyphicon glyphicon-plus" >新增公司资讯 </span>
        </a></caption>                                   // 表格标题
        <thead>                                          // 表头
            <tr>
                <th> 新闻标题 </th>
                <th> 新闻内容 </th>
                <th> 发稿人 </th>
                <th> 发稿时间 </th>
```

```
            <th>管理 </th>
        </tr>
    </thead>
    <tbody>                                    // 表格内容
        <?php foreach ($news as $k => $v) { ?>
        <tr>
            <td><?php echo $v['title']; ?></td>
            <td style="width: 400px;"><?php echo $v['content']; ?></td>
            <td style="width: 100px"><?php echo $v['author']; ?></td>
            <td><?php echo $v['publish_time']; ?></td>
            <td><a href="<?php echo site_url('Admin/newsEdit')?>?type=0&&id=
<?php echo $v['newsID'];?>"> 删除 </a>           // 删除指定 id 号的新闻
                <a href="<?php echo site_url('Admin/newsEdit')?>?type=1&&id=
<?php echo $v['newsID'];?>"> 修改 </a>           // 修改指定 id 号的新闻
            </td>
        </tr>
        <?php } ?>
    </tbody>
</table>
<ul style="padding:0px;margin:0px 50px;" class="pagination">// 分页标记
    <?php echo $page;?>
</ul>
</div>
```

4. 新增新闻模块

在新闻分页列表视图窗口上部，有新增新闻超链接，会调用控制器中的新增新闻方法，然后装载新增新闻视图 newsadd.php 文件，用于插入新闻记录。

```
public function newsAdd(){                    // 后台新闻新增模块
    $this->load->view('admin/common');        // 导入公用框架视图文件
    $this->load->view('admin/newsadd');       // 导入新增新闻视图文件
}
```

新增新闻视图主要采用 bootstrap 表单设计，参考代码如下：

```
<div class="mid" style="width: 60%;margin: 20px auto;">
    <form action="<?php echo site_url('Admin/newsAddOK')?>" method="post">
        <div class="title" style="text-align: center;color:#f60"><h4> 新增新闻 </
h4></div>
        <div class="box" style="border:1px solid #f1f1f1;padding: 15px">
        <div class="form-group">
            <label for="name"> 新闻标题 </label>
```

```
                        <input type="text" class="form-control" name="title" placeholder=" 请
输入标题 ">
            </div>
            <div class="form-group">
                <label for="content"> 新闻内容 </label>
                <textarea class="form-control" name="content" placeholder=" 请输入
内容 "></textarea>
            </div>
            <div class="form-group">
                <label for="author"> 发稿人 </label>
                <input type="text" class="form-control" name="author"
                    value="<?php echo $this->session->user['username'];?>">
            </div>
            <div class="form-group">
                <input type="submit" value=" 提交 ">
            </div>
        </div>
    </form>
</div>
```

运行上述代码后视图效果如图 5.18 所示。

图 5.18　新增新闻页面效果

当填写好内容后，单击"提交"按钮将会跳转至控制器的 newsAddOK 方法。

```
public function newsAddOK(){                      // 后台新闻新增处理模块
    $this->load->model('NewsModel');             // 导入新闻相关模型文件
    $data=$this->NewsModel->News_Add();          // 导入新闻新增处理模型方法
}
```

控制器导入新闻 News_Add 模型方法，将数据插入数据库 news 表中。

```
public function News_Add(){                       // 增加操作
    $data=array('title'=>$this->input->post('title'),
        'content'=>$this->input->post('content'),
```

```
        'author'=>$this->input->post('author'),
        'publish_time'=>Date('Y-m-d I:h:s'));
    $rs=$this->db->insert('news',$data);
    if($rs){
        $url='Admin/news';
        header("location:".$url);
    }else{die(" 有错误 !");}
}
```

5. 修改新闻模块

在新闻列表页单击某条新闻进行修改时，会跳转到新闻修改控制器 newsEdit 方法。

```
public function newsEdit(){                            // 后台新闻修改模块
    $type=$this->input->get('type');                  // 获取修改类型
    $id=$this->input->get('id');                      // 获取修改记录的 id 号
    if($type) {                                       // 如果 type 为 1，则进行查询和更改操作
        $this->load->model('NewsModel');
        $data['news']=$this->NewsModel->News_Query($id);
        $data['id']=$this->input->get('id');
        $this->load->view('admin/common');
        $this->load->view('admin/newsedit',$data);
    }else{                                            // 如果 type 为 0，则进行删除操作
        $this->load->model('NewsModel');
        $this->NewsModel->News_Delete();
    }
}
```

如果超链接传值 type 为 1，就为更新操作，如果为 0，则为删除操作。

先看更新操作，确定 type 为 1 时，对选定新闻进行查询，然后将查询数据传递到更改视图页面。

修改新闻视图页面如图 5.19 所示。

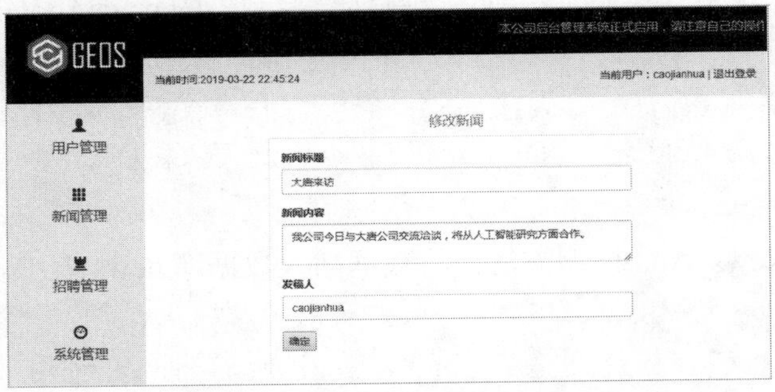

图 5.19　修改新闻视图页面

修改新闻视图页面较为简单，主要采用 bootstrap 表格布局，参考代码如下：

```html
<div class="mid" style="width: 60%;margin: 20px auto;">
   <form action="<?php echo site_url('Admin/newsEditOK')?>" method="post">
      <div class="title" style="text-align: center;color:#f60"><h4> 修改新闻 </h4></div>
      <div class="box" style="border:1px solid #f1f1f1;padding: 15px">
         <div class="form-group">
            <label for="name"> 新闻标题 </label>
            <input type="text" class="form-control" name="title" value="<?php echo $news['title']?>">
         </div>
         <div class="form-group">
            <label for="content"> 新闻内容 </label>
            <textarea class="form-control" name="content"><?php echo $news['content']?></textarea>
         </div>
         <div class="form-group">
            <label for="author"> 发稿人 </label>
            <input type="text" class="form-control" name="author"
   value="<?php echo $this->session->user['username'];?>">
         </div>
         <div class="form-group">
            <input type="hidden" value="<?php echo $id ?>" name="id">
            <input type="submit" value=" 确定 ">
         </div>
      </div>
   </form>
</div>
```

在页面上完成修改内容后，单击确定将跳转至控制器 newsEditOK 方法。

```php
public function newsEditOK(){                      // 后台新闻修改处理模块
   $this->load->model('NewsModel');
   $rs=$this->NewsModel->News_Edit();             // 新闻修改处理方法
   if($rs){                                       // 如果状态为 1，表明修改成功
      echo "<script>alert(' 更新成功! ');history.go(-2);</script>";
                                                  // 返回新闻管理首页
   }else{die(" 有错误 !");}
}
```

控制器再调用 NewsModel 模型中的 News_Edit 新闻更新方法，并返回更新状态。

```php
public function News_Edit(){                       // 更新操作
```

```
    $id=$this->input->post('id');
    $data=array('title'=>$this->input->post('title'),
        'content'=>$this->input->post('content'));
    $rs=$this->db->where('newsID',$id)->update('news',$data);
                                            // 对指定的 id 号新闻进行更新处理

    return $rs;
}
```

如果返回状态为 1，表明更新成功。

如果在新闻修改控制器 newsEdit 方法中获取的 type 值为 0，就进入选定新闻记录的删除操作。NewsModel 模型中的删除处理操作如下：

```
public function News_Delete(){                    // 删除操作
    $id=$this->input->get('id');
    $rs=$this->db->where('newsID',$id)->delete('news');
    if($rs){
        $url='Admin/news';
        header("location:".$url);
    }else{die(" 有错误 !");}
}
```

5.5.5 招聘管理模块设计

扫一扫，看微课

招聘管理模块与新闻管理模块类似，包括招聘信息列表显示、新增职位和选定招聘信息的更改、删除管理。

1. 招聘管理控制器方法

```
    public function hr(){                          // 后台招聘管理模块
    $this->check_login();
    $this->load->model('HrModel');
    $data['hrdata']= $this->HrModel->Hr_List();    // 获取每页显示的招聘记录数据
    $this->load->view('admin/common');
    $this->load->view('admin/hr',$data);
}
public function hrAdd(){                           // 后台招聘新增管理模块
    $this->load->view('admin/common');
    $this->load->view('admin/hradd');
}
public function hrAddOK(){                         // 后台招聘确认新增管理模块
    $this->load->model('HrModel');
    $rs=$data=$this->HrModel->Hr_Add();
```

```
    if($rs){
        echo "<script>alert(' 添加成功！ ');history.go(-2);</script>";
        }else{die(" 有错误！");}
}
public function hrEdit(){                  // 后台招聘信息修改管理模块
    $type=$this->input->get('type');
    $id=$this->input->get('id');
    if($type) {
        $this->load->model('HrModel');
        $data['hr']=$this->HrModel->Hr_Query($id);
        $data['id']=$this->input->get('id');
        $this->load->view('admin/common');
        $this->load->view('admin/hredit',$data);
    }else{
        $this->load->model('HrModel');
        $this->HrModel->Hr_Delete();
    }
}
public function hrEditOK(){                 // 后台招聘信息确定修改模块
    $this->load->model('HrModel');
    $rs=$this->HrModel->Hr_Edit();
    if($rs){
        echo "<script>alert(' 更新成功！ ');history.go(-2);</script>";
    }else{die(" 有错误！");}
}
```

2. 招聘信息管理数据模型

根据上述控制器方法的设计，对招聘信息数据的管理主要包括新增、删除、修改、查询等基本操作，因此在数据模型里设计了 Hr_List、Hr_Add、Hr_Edit、Hr_Query、Hr_Delete 等基本数据处理方法。

```
public function Hr_List(){                  // 职位列表查询操作
    $data=$this->db->get('hr')->result_array();
    return $data;                           // 将 data 返回给控制器方法
}

public function Hr_Add(){                    // 新增职位操作
    $data=array('hr_type'=>$this->input->post('type'),
        'hr_content'=>$this->input->post('content'),
        'hr_time'=>Date('Y-m-d'));
    $rs=$this->db->insert('hr',$data);
```

```
    return $rs;                          // 将 data 返回给控制器方法
}

public function Hr_Edit(){              // 更新职位操作
   $id=$this->input->post('id');
   $data=array('hr_type'=>$this->input->post('type'),
      'hr_content'=>$this->input->post('content'));
   $rs=$this->db->where('ID',$id)->update('hr',$data);
   return $rs;
}
public function Hr_Query($id){          // 指定查询职位
   $rs=$this->db->get_where('hr',array('ID'=>$id))->row_array();
   return $rs;
}

public function Hr_Delete(){            // 职位删除操作
   $id=$this->input->get('id');
   $rs=$this->db->where('ID',$id)->delete('hr');
   if($rs){
      echo '<script>history.go(-2);</script>';
   }else{die("有错误！");}
}
```

3. 招聘信息管理主体区视图设计

在视图设计时沿用了后台公用框架（即左侧导航栏和右侧信息栏区域），只需要设计招聘管理主体区视图即可。

在设计主体区时采用了 bootstrap 表格布局，同时增加了新增、删除和修改等管理按钮。

```
<div class="mid">
   <table class="table table-bordered">
      <caption style="color:#337ab7;">
         <span class="glyphicon glyphicon-tower"></span> 公司网站最新招聘列表   
         <a href="<?php echo site_url('Admin/hrAdd')?>">
            <span class="glyphicon glyphicon-plus"> 新增招聘职位 </span>
         </a>
      </caption>
      <thead>
         <tr>
            <th> 职位信息 </th>
            <th> 招聘要求 </th>
            <th> 发布时间 </th>
```

```
                <th> 管理 </th>
            </tr>
        </thead>
        <tbody>
            <?php foreach ($hrdata as $k => $v) { ?>
            <tr>
                <td><?php echo $v['hr_type']; ?></td>
                <td style="width: 400px;"><?php echo $v['hr_content']; ?></td>
                <td style="width: 100px"><?php echo $v['hr_time']; ?></td>
                <td><a href="<?php echo site_url('Admin/hrEdit')?>?type=0&&id=<?php
echo $v['ID'];?>"> 删除 </a>          // 指定招聘信息 id 号删除
                    <a href="<?php echo site_url('Admin/hrEdit')?>?type=1&&id=<?php
echo $v['ID'];?>">修改 </a>           // 指定招聘信息 id 号修改
                </td>
            </tr>
            <?php } ?>
        </tbody>
    </table>
</div>
```

招聘管理实际运行效果如图 5.20 所示。

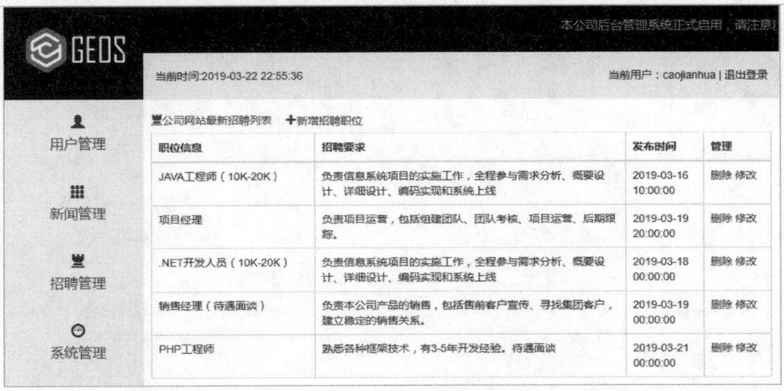

图 5.20　招聘管理实际运行效果

4. 新增招聘信息模块

在招聘职位列表视图窗口上部，有新增招聘职位超链接，会调用控制器中的新增招聘信息
hrAdd 方法。

```
public function hrAdd(){                        // 后台招聘新增管理模块
    $this->load->view('admin/common');
    $this->load->view('admin/hradd');
}
```

hrAdd 方法装载新增视图 hradd.php 文件，用于插入招聘记录。新增职位视图效果如图 5.21 所示。

图 5.21　新增职位视图效果

其设计代码如下：

```
<div class="mid" style="width: 60%;margin: 20px auto;">
    <form action="<?php echo site_url('Admin/hrAddOK')?>" method="post">
        <div class="title" style="text-align: center;color:#f60"><h4>新增职位</
h4></div>
        <div class="box" style="border:1px solid #f1f1f1;padding: 15px">
            <div class="form-group">
                <label for="name">职位信息</label>
                <input type="text" class="form-control" name="type" placeholder="请
输入标题">
            </div>
            <div class="form-group">
                <label for="content">职位描述</label>
                <textarea class="form-control" name="content" placeholder="请输入
内容"></textarea>
            </div>
            <div class="form-group">
                <input type="submit" value="提交">
            </div>
        </div>
    </form>
</div>
```

在填写表单相关信息后，单击"提交"按钮就跳转至控制器的 hrAddOK 方法。

```
public function hrAddOK(){                    // 后台招聘确认新增管理模块
    $this->load->model('HrModel');
```

```
$rs=$data=$this->HrModel->Hr_Add();
if($rs){
    echo "<script>alert(' 添加成功! ');history.go(-2);</script>";
}else{die(" 有错误!");}
}
```

该方法将会导入 HrModel 招聘管理数据模型文件，采用 Hr_Add 数据处理方法对表单信息进行处理，如果插入成功，则表明新增记录成功了。

```
public function Hr_Add(){                          // 新增职位操作
    $data=array('hr_type'=>$this->input->post('type'),
        'hr_content'=>$this->input->post('content'),
        'hr_time'=>Date('Y-m-d'));
    $rs=$this->db->insert('hr',$data);
    return $rs;                                     // 将 data 返回给控制器方法
}
```

5. 现有招聘信息修改或删除模块

在招聘管理主体区职位列表，有招聘职位修改或者删除操作的超链接。采用 a 超链接传值方式来确定是哪种操作，当控制器接收到 type 为 1 时会进行修改操作，如果 type 为 0，则进行删除操作。

```
public function hrEdit(){                          // 后台招聘信息修改管理模块
    $type=$this->input->get('type');
    $id=$this->input->get('id');
    if($type) {
        $this->load->model('HrModel');
        $data['hr']=$this->HrModel->Hr_Query($id);
        $data['id']=$this->input->get('id');
        $this->load->view('admin/common');
        $this->load->view('admin/hredit',$data);
    }else{
        $this->load->model('HrModel');
        $this->HrModel->Hr_Delete();
    }
}
```

先看修改操作，即接收到的 type 值为 1，同时也确定了选定职位的 id 号。控制器 hrEdit 方法根据 id 号查询到该条记录的详细信息，然后传递给修改记录视图文件。

```
public function Hr_Query($id){                     // 指定查询职位
    $rs=$this->db->get_where('hr',array('ID'=>$id))->row_array();
```

```
        return $rs;
    }
```

如下为修改选定招聘职位的视图代码设计，主要是表单样式布局：

```
<div class="mid" style="width: 60%;margin: 20px auto;">
    <form action="<?php echo site_url('Admin/hrEditOK')?>" method="post">
        <div class="title" style="text-align: center;color:#f60"><h4>修改职位</
h4></div>
        <div class="box" style="border:1px solid #f1f1f1;padding: 15px">
            <div class="form-group">
                <label for="name">职位标题</label>
                <input type="text" class="form-control" name="type" value="<?php
echo $hr['hr_type']?>">
            </div>
            <div class="form-group">
                <label for="content">职位信息</label>
                <textarea class="form-control" name="content" value=""><?php echo
$hr['hr_content']?></textarea>
            </div>
            <div class="form-group">
                <input type="hidden" value="<?php echo $id ?>" name="id">
                <input type="submit" value=" 确定 ">
            </div>
        </div>
    </form>
</div>
```

上述代码在浏览器中运行获得修改职位的视图效果如图 5.22 所示。

图 5.22　修改职位视图效果

在表单中将数据修改完毕，单击"确定"按钮就跳转到控制器方法 hrEditOK 方法。

```
public function hrEditOK(){                          // 后台招聘信息确定修改模块
    $this->load->model('HrModel');
    $rs=$this->HrModel->Hr_Edit();
    if($rs){
        echo "<script>alert(' 更新成功! ');history.go(-2);</script>";
    }else{die(" 有错误!");}
}
```

该方法导入招聘相关数据模型文件，其中的 **Hr_Edit** 方法负责数据的更新操作。

```
public function Hr_Edit(){                          // 更新职位操作
    $id=$this->input->post('id');
    $data=array('hr_type'=>$this->input->post('type'),
        'hr_content'=>$this->input->post('content'));
    $rs=$this->db->where('ID',$id)->update('hr',$data);
    return $rs;
}
```

当更新状态为 1 时，系统将返回招聘管理首页模块。

如果在招聘修改控制器 hrEdit 方法中获取的 type 值为 0，就进入选定招聘职位记录的删除操作。HrModel 模型中的删除处理操作如下：

```
public function Hr_Delete(){                        // 职位删除操作
    $id=$this->input->get('id');
    $rs=$this->db->where('ID',$id)->delete('hr');
    if($rs){
        echo '<script>history.go(-2);</script>';
    }else{die(" 有错误!");}
}
```

5.5.6　系统管理模块设计

系统管理模块本网站设计得较为简单，只包括系统备份视图和系统备份操作。当单击系统管理菜单栏时，网站链接到控制器系统备份 system 方法，装载视图文件 system.php。

扫一扫，看微课

```
public function system(){                            // 后台数据库管理模块
    $this->check_login();                            // 验证是否登录
    $this->load->view('admin/common');               // 导入公用框架视图
    $this->load->view('admin/system');               // 进入系统管理 system 视图
}
```

系统管理视图主体区设计效果如图 5.23 所示。

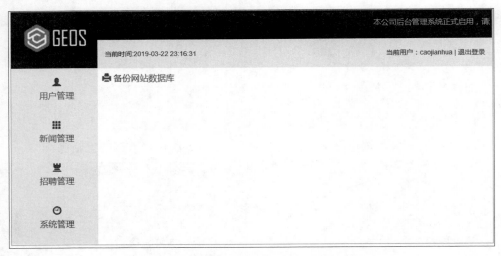

图 5.23　系统管理视图主体区设计效果

代码较为简单，只有一个字体图标和按钮标记。

```
<div><a id="btn_backup"><span class="glyphicon glyphicon-print"></span> 备份网
站数据库 </a></div>
<script>
    url="<?php echo site_url('Admin/dbBackup')?>";// 访问 Admin 控制器的 dbBackup 方法
    $('#btn_backup').css("font-size","18px");       // 设置按钮字体大小
    $('#btn_backup').click(function(){
        $.get(url,function(rs){                      //ajax 的 get 操作方法
            var rs = JSON.parse(rs);                 // 对返回的状态 rs 结果进行对象化
            if(rs.status==1){                        // 如果对象属性 status 为 1
                layer.msg(' 备份成功! ');            // 弹出框提示备份成功
            }
        })
    })
</script>
```

对于备份操作处理，这里使用了 jQuery 框架中的 AJAX 技术和 layer.js 的弹出框技术。在使用 AJAX 时，用了 HTTP 的 get 请求方法，从设定的 URL 路径中获取结果 rs。

```
$.get(url,function(rs){…}
```

传输通信时数据格式为 JSON，因此在获得结果 rs 后，将 JSON 结果转换为对象处理。

```
var rs = JSON.parse(rs);                            // 对返回的状态 rs 结果进行对象化
```

查看对象属性 rs.status 的值，如果为 1，表明备份操作成功。为了使操作更为友好，使用 layer 弹出框技术，直接调用 layer 的 msg 方法。

```
layer.msg(' 备份成功! ');                              // 弹出框提示备份成功
```

当单击"备份"按钮时就链接至控制器的 dbBackup 方法。

```
// 数据备份
public function dbBackup () {                         // 后台数据库备份管理模块
  $this->load->model('SysModel');                    // 导入 SysModel 系统模型文件
  $rs = $this->SysModel->dbbackup();                 // 获取备份方法运行结果
  echo  json_encode($rs);                            // 对结果进行 JSON 格式化
}
```

CI 框架将系统的备份也进行了封装处理，只需要按格式进行调用即可。dbBackup 方法中调用 SysModel 模型文件，并引用其中的 dbBackup 数据处理方法，将其返回结果进行 JSON 格式化处理。

dbBackup 数据处理方法主要用于数据库的备份操作，具体代码如下：

```
public function dbBackup(){
  $this->load->helper('file');           //CI 框架辅助 file 类
  $prefs = array(
    'tables'        => array(),          // 包含了需备份的表名的数组
    'ignore'        => array(),          // 备份时需要被忽略的表
    'format'        => 'txt',            //gzip, zip, txt
    'filename'      => 'mybackup.sql',    // 文件名
    'add_drop'      => TRUE,             // 是否在备份文件中添加 DROP TABLE 语句
    'add_insert'    => TRUE,             // 是否要在备份文件中添加 INSERT 语句
    'newline'       => "\\n"            // 备份文件中的换行符
  );
  $re= $this->dbutil->backup($prefs);     // 调用 CI 框架 dbutil 类 backup 方法
  if($re){                               // 如果结果为真
    $time=date('Y-m-d');                 // 当前日期
    write_file('./'.$time.'database.sql', $backup);      // 将备份文件输出为日期
                                                         //  +database.sql
    $data['status']=1;                   // 返回状态 status 的值为 1
  }else{
    $data['status']=0;                   // 否则返回状态 status 的值为 0
  }
  return $data;                          // 返回状态数组变量
}
```

单击备份网站数据库，不到 1 s 时间就会弹出备份成功字样。同时该备份文件保存在网站根目录下，文件名为当前日期 +database.sql。回到网站根目录下（www 文件夹下），发现确实存在 SQL 文件，如图 5.24 所示。

图 5.24　网站备份数据库文件存放位置

5.6　网站系统开发总结

5.6.1　网站系统开发

网站系统开发是一个较为复杂的工程项目，可以按照软件工程要求的步骤和规则来执行。本章所给示例是一个公司的门户网站开发，相对于目前各大综合性门户网站（如新浪、搜狐等）业务需求较少，数据模型和视图要求都很简单，但对于读者，借此熟悉使用 CodeIgniter 框架来开发类似网站是非常方便的。

本章按照项目实际运行步骤介绍网站系统开发的过程，内容包括需求分析、系统功能设计、项目创建、前端网站开发和后台网站管理系统，较为完整地覆盖了网站开发各个层面的需求。尤其是严格遵循了 CodeIgniter 框架下的 MVC 设计思想和架构，使网站系统具有清晰的层次结构，同时 Model、View、Controller 达到了松散耦合，非常便于后续代码的迭代，实现了网站的敏捷开发。

在技术使用方面，视图 View 模型主要基于 HTML5、CSS3 和 jQuery 框架，同时还使用了 Twitter 开源的 bootstrap 框架布局和 LayUI 框架中的弹出框插件。Model 数据模型和 Controller 控制模型主要依赖于便捷的 CodeIgniter 框架技术。因此在进行练习或者实际网站开发时，为了使视图模型较为美观、互动性强，建议读者可以使用一些基于 jQuery 技术的插件和布局设计工具。

5.6.2　CodeIgniter 框架技术

CodeIgniter 框架技术真的是"小而强""简而美"，通过本章网站系统开发实例，读者应该可以体会到其美妙和敏捷的特性。框架具有严谨的 MVC 架构设计，可以把 Controller 看成核心躯干，Model 模型为体内精华，而 View 则是外在的美貌。系统的外在美就是三者的有机配合、协作达成的结果。由此开发者可以组建团队，完成较为复杂的网站系统开发，团队 Leader 总体负责 Controller 层，前端开发者负责 View 视图开发，后端开发者负责 Model 模型创建和 Controller 之间的交互。

当然 CodeIgniter 框架是基于 PHP 语言开发的，目前互联网上基于 PHP 语言的开放源代码框架技术有很多种，如号称完美的 Lavaral 框架、国内最强的 ThinkPHP 框架。与它们对比，CodeIgniter 有自己的优势，也有一定的不足，如在大型综合性网站开发时，CodeIgniter 框架就显得过于"简"了，但对中小型网站系统，还是一个非常好的选择。相信读者在熟悉 CodeIgniter 框架后就有了自己的体会和认识，同时由 CodeIgniter 框架学习入手，也能在学习其他中大型框架技术时进步更快。同时互联网上有很多关于网站开发基础知识和框架技术的资源，读者完全可以通过它们了解更多技术和技巧，成为一个更为熟练的网站开发人员。

最后再介绍一个隐藏 CI 框架 URL 中 index.php 的方法。

秉承 MVC 架构的思想，CI 中的所有控制器都需要经过单点入口文件 index.php（默认）来加载调用。也就是说，在默认情况下所有 CI 开发项目的 URL 都形如以下这种形式：

```
http://localhost/index.php/controller/function/parameter
```

很显然，默认情况下 index.php 在 URL 地址段中的存在一定程度上影响了 URL 的简洁和 SEO 的进行。而在浏览网页时很少有网址中出现 index.php 这种必需字段，因此可以考虑运行由 CI 框架开发的网站时，将这个 index.php 默认统一入口方法隐藏，使 URL 直接形成如下形式：

```
http://localhost/controller/function/parameter
```

具体修改方法如下。

第 1 步：将以下配置信息复制并保存为 .htaccess 文件。

```
RewriteEngine On
RewriteBase /
RewriteCond %{REQUEST_FILENAME} !-f
RewriteCond %{REQUEST_FILENAME} !-d
RewriteRule ^(.*)$ /index.php?/$1 [L]
```

第 2 步：将以上 .htaccess 文件上传到 CI 所在项目的根目录（即与 index.php 同级目录下）。

第 3 步：修改 CI 框架中 application/config.php 中的如下参数：

```
$config['index_page'] = "index.php";
```

去掉 index.php，修改为

```
$config['index_page'] = ""; // 设置为空
```

第 4 步：重启 Apache，运行网站即可发现 index.php 已经被成功隐藏了。